MFC Windows 应用程序设计
习题解答及上机实验

（第4版）

任 哲 编著

清华大学出版社
北京

内 容 简 介

本书是《MFC Windows 应用程序设计》(第 4 版)的配套教材,对其中各章的重点习题做了详细的解答并提供了一些上机实验的题目,力图通过这些练习和训练帮助读者较好地理解和掌握 MFC Windows 应用程序框架及使用 MFC 类库编程的基本方法。在书后的附录 Visual C++ 6.0 集成开发工具介绍部分,简明扼要地介绍了创建应用程序框架的方法及使用调试开发工具的方法,为读者快速地使用该开发工具提供了帮助。

为了介绍 MFC 对后续程序框架和语言发展的影响及成果,便于读者对.NET/C♯的学习,本书增加了相关内容。

本书适合作为高等学校计算机专业的教学用书,也适合其他有一定 C++ 基础的读者,在较短的时间内了解和掌握开发 MFC Windows 应用程序及.NET/C♯程序设计的特点和设计方法。

图书在版编目(CIP)数据

MFC Windows 应用程序设计习题解答及上机实验/任哲编著. -- 4 版. -- 北京:清华大学出版社,2025.7. -- ISBN 978-7-302-69750-3

Ⅰ. TP312.8;TP316.7

中国国家版本馆 CIP 数据核字第 2025HQ9116 号

责任编辑:汪汉友　薛　阳
封面设计:何凤霞
责任校对:申晓焕
责任印制:宋　林

出版发行:清华大学出版社
　　　　　网　　　址:https://www.tup.com.cn,https://www.wqxuetang.com
　　　　　地　　　址:北京清华大学学研大厦 A 座　　　　　邮　　编:100084
　　　　　社 总 机:010-83470000　　　　　　　　　　　邮　　购:010-62786544
　　　　　投稿与读者服务:010-62776969,c-service@tup.tsinghua.edu.cn
　　　　　质量反馈:010-62772015,zhiliang@tup.tsinghua.edu.cn
　　　　　课件下载:https://www.tup.com.cn,010-83470236
印 装 者:大厂回族自治县彩虹印刷有限公司
经　　销:全国新华书店
开　　本:185mm×260mm　　　印　　张:12.75　　　字　　数:300 千字
版　　次:2004 年 6 月第 1 版　　2025 年 8 月第 4 版　　印　　次:2025 年 8 月第 1 次印刷
定　　价:39.00 元

产品编号:090388-01

前　言

目前,各高等学校已经把 C/C++ 程序设计语言列为理工科专业学生的必修课程,以帮助学生初步了解和掌握面向对象程序设计的思想和方法。这无疑为学习和掌握 MFC 打下了良好的基础。在此基础上开设 MFC 课程,可使学生掌握 Windows 应用程序设计的基本方法,还可使学生更进一步深刻、全面地理解面向对象程序设计的思想,把握计算机程序设计方法的发展方向,从而为进一步提高计算机程序设计能力打下坚实基础。

本书作为《MFC Windows 应用程序设计》(第 4 版)(简称主教材)的配套教材,除提供其中各章习题的解答外,还设计了一些课后上机实验。读者可通过这些必要的练习较快地了解 MFC 的框架,掌握使用 MFC 类库进行 Windows 应用程序设计的一般方法。

为使学生能够较快地熟悉 Visual C++ 开发环境中的众多开发工具,书后还有选择地介绍了 Visual C++ 部分开发工具的使用方法。

为了介绍 MFC 对后续程序框架和语言发展的影响及成果,便于读者对.NET/C♯的学习,本书增加了相关内容。

作　者

2025 年 4 月于北京

学习资源

目　　录

第 1 章　Windows 程序基础知识习题解答及上机实验

1.1　习 题 解 答

1-1　什么是 Windows API 函数？

答：用来开发 Windows SDK 应用程序的软件开发工具包是用 C 语言编写的一个大型函数库，这个库中的函数称为 API 函数。

1-2　查看 windows.h 文件，看一下 Windows 系统的句柄是什么数据类型的？

答：整型。

1-3　试说明以下句柄的含义。

（1）HWND；

（2）HINSTANCE；

（3）HDC。

答：HWND：窗口句柄。

HINSTANCE：应用程序实例句柄。

HDC：图形设备环境句柄。

1-4　什么是事件？试举例说明。

答：能触发程序做出相应反应的因素或动作称为"事件"。例如，在键盘上按下一个键，鼠标的单击或双击，应用程序窗口的显示和销毁，等等。

1-5　如何显示和更新窗口？

答：调用函数 ShowWindow()显示窗口，调用函数 UpdateWindow()更新窗口。

1-6　什么是消息循环？

答：在创建了窗口的应用程序中，应用程序将要不断地从消息队列里获取消息，并将消息指派给指定的窗口处理函数来处理，然后再回来从消息队列获取消息，这个不断重复的工作过程称为消息循环。

1-7　Windows 应用程序的主函数有哪 3 个主要任务？

答：注册窗口类、创建应用程序的窗口和建立消息循环。

1-8　说明 Windows 应用程序的主函数、窗口函数与 Windows 系统之间的关系。

答：Windows 应用程序的主函数和窗口函数都是系统调用的函数，主函数是在应用程序启动时由系统首先调用的函数，而窗口函数是主函数在消息循环中获得消息并把消息派送给系统之后，由系统调用的用来处理消息的函数。

1-9　在创建新 Win32 Application 工程时，在 Win32 Application Step - 1 of 1 对话框中选中 A typical "Hello World!" Application 选项并单击 Finish 按钮后，系统可以自

动创建一个 Windows SDK 的示例程序,试运行该程序并分析这个应用程序的代码。

　　答:从程序设计向导产生的代码中可以看到,这是向导为用户产生的一个 Windows 应用程序框架代码,该程序仅有的业务便是在该程序运行之后,在窗口界面上显示字符串 "Hello World!"。

　　目前能分析和理解的就是.cpp 文件中的部分代码,现将其代码列写如下:

```
#include "stdafx.h"                  //包含头文件 stdafx.h,而该文件中的主要内容如下
//------------------------------------------------------------------------------------
//Windows 头文件,该文件定义了大量的数据类型别名
//#include <windows.h>

//C 运行库头文件
//#include <stdlib.h>
//#include <malloc.h>
//#include <memory.h>
//#include <tchar.h>
//本程序的资源头文件
//#include "resource.h"
//------------------------------------------------------------------------------------
#define MAX_LOADSTRING 100

//以下定义了程序的全局变量
HINSTANCE hInst;                              //当前程序句柄
TCHAR szTitle[MAX_LOADSTRING];                //窗口标题栏题目字符数组
TCHAR szWindowClass[MAX_LOADSTRING];

//本程序的各个函数声明
ATOM MyRegisterClass(HINSTANCE hInstance);
BOOL InitInstance(HINSTANCE, int);
LRESULT CALLBACK WndProc(HWND, UINT, WPARAM, LPARAM);
LRESULT CALLBACK About(HWND, UINT, WPARAM, LPARAM);

//入口函数(主函数)
int APIENTRY WinMain(HINSTANCE hInstance, HINSTANCE hPrevInstance, LPSTR
    lpCmdLine, int nCmdShow)
{
    MSG msg;
    HACCEL hAccelTable;

    //字符串初始化
    LoadString(hInstance, IDS_APP_TITLE, szTitle, MAX_LOADSTRING);
    LoadString(hInstance, IDC_BB, szWindowClass, MAX_LOADSTRING);
    MyRegisterClass(hInstance);
```

```
//调用 InitInstance()初始化应用程序实例
if (!InitInstance (hInstance, nCmdShow))
{
    return FALSE;
}

hAccelTable = LoadAccelerators(hInstance, (LPCTSTR)IDC_BB);

//消息循环
while (GetMessage(&msg, NULL, 0, 0))
{
    if (!TranslateAccelerator(msg.hwnd, hAccelTable, &msg))
    {
        TranslateMessage(&msg);
        DispatchMessage(&msg);
    }
}

return msg.wParam;
}
//
//注册窗口函数 MyRegisterClass()
//
ATOM MyRegisterClass(HINSTANCE hInstance)
{
    WNDCLASSEX wcex;
    wcex.cbSize = sizeof(WNDCLASSEX);
    wcex.style=CS_HREDRAW | CS_VREDRAW;
    wcex.lpfnWndProc= (WNDPROC)WndProc;
    wcex.cbClsExtra=0;
    wcex.cbWndExtra=0;
    wcex.hInstance=hInstance;
    wcex.hIcon=LoadIcon(hInstance, (LPCTSTR)IDI_BB);
    wcex.hCursor=LoadCursor(NULL, IDC_ARROW);
    wcex.hbrBackground= (HBRUSH) (COLOR_WINDOW+1);
    wcex.lpszMenuName= (LPCTSTR)IDC_BB;
    wcex.lpszClassName=szWindowClass;
    wcex.hIconSm=LoadIcon(wcex.hInstance, (LPCTSTR)IDI_SMALL);

    return RegisterClassEx(&wcex);
}

//
//初始化应用程序实例函数 InitInstance(HANDLE, int)
```

```
//
BOOL InitInstance(HINSTANCE hInstance, int nCmdShow)
{
    HWND hWnd;

    hInst=hInstance;                //Store instance handle in our global variable

    hWnd =CreateWindow(szWindowClass,
        szTitle,
        WS_OVERLAPPEDWINDOW,
        CW_USEDEFAULT,
        0,
        CW_USEDEFAULT,
        0,
        NULL, NULL, hInstance, NULL);

    if (!hWnd)
    {
        return FALSE;
    }

    ShowWindow(hWnd, nCmdShow);
    UpdateWindow(hWnd);

    return TRUE;
}

//
//窗口函数 WndProc(HWND, unsigned, WORD, LONG)
//
LRESULT CALLBACK WndProc(HWND hWnd,
UINT message, WPARAM wParam, LPARAM lParam)
{
    int wmId, wmEvent;
    PAINTSTRUCT ps;
    HDC hdc;
    TCHAR szHello[MAX_LOADSTRING];
    LoadString(hInst, IDS_HELLO, szHello, MAX_LOADSTRING);

    switch (message)
    {
        case WM_COMMAND:
            wmId=LOWORD(wParam);
            wmEvent =HIWORD(wParam);
```

```
//以下代码用于窗口菜单条上两个菜单项的消息处理
switch (wmId)
{
    case IDM_ABOUT:
        DialogBox(hInst, (LPCTSTR) IDD_ABOUTBOX, hWnd, (DLGPROC)
        About);
        break;
    case IDM_EXIT:
        DestroyWindow(hWnd);
        break;
    default:
        return DefWindowProc(hWnd, message, wParam, lParam);
}
break;
case WM_PAINT:                                  //窗口用户区绘制消息
    hdc=BeginPaint(hWnd, &ps);
    RECT rt;
    GetClientRect(hWnd, &rt);
    //下面这行代码根据资源文件绘制了字符串"Hello World!"
    DrawText(hdc, szHello, strlen(szHello), &rt, DT_CENTER);
    EndPaint(hWnd, &ps);
    break;
case WM_DESTROY:
    PostQuitMessage(0);
    break;
default:
    return DefWindowProc(hWnd, message, wParam, lParam);
}
return 0;
}


//"关于"对话框中的消息循环
//(这段代码需要在对话框程序设计部分学习理解)
LRESULT CALLBACK About(HWND hDlg, UINT message, WPARAM wParam, LPARAM lParam)
{
    switch (message)
    {
    case WM_INITDIALOG:
            return TRUE;

    case WM_COMMAND:
        if (LOWORD(wParam)==IDOK||LOWORD(wParam)==IDCANCEL)
        {
            EndDialog(hDlg, LOWORD(wParam));
```

```
                return TRUE;
            }
            break;
    }
    return FALSE;
}
```

以上这些便是.cpp文件中目前还能理解的代码,而其余包括字符串的显示等代码都需要在以后的学习中逐渐理解。

1-10 什么是可变代码?为什么要对可变代码进行隔离?试说明 Windows 所采用的代码隔离方法。

答:在一个设计良好的完整应用程序中,有些代码形成了程序的框架,它们与程序的具体任务关联较弱,通常不经修改或很少修改就可以应用于其他程序,因此具有一定的通用性且变化较小,称为框架代码或不可变代码。相对于程序框架代码,那些为完成程序具体功能而编写的代码称为可变代码,因为当用户对程序的功能有新的要求时,这些代码必须要发生相应的变化时,故称为可变代码,又称业务代码。

为提高程序的可维护性,防止因可变代码的变化而引起框架代码的变化,从而波及整个程序结构,故在设计一个应用程序时,应尽量减少可变代码与框架代码之间的关联,即应采取措施对可变代码进行隔离。

在 Windows 程序中,多分支结构的各个 case 中的代码段就是可变代码段,Windows 把这些代码段都分别编写成了函数,并采用函数指针与这些函数进行关联,从而有效地把可变代码段与框架代码进行了隔离。

1.2 上机实验

实验内容:

在 Visual C++ 6.0 中创建 Win32 Application 工程。

实验目的:

(1) 熟悉在 Visual C++ 6.0 中创建 Win32 Application 的过程。

(2) 熟悉 Visual C++ 6.0 可以创建的三种 Win32 Application。

(3) 在 Visual C++ 6.0 中查看帮助文件。

实验步骤:

(1) 在 Windows 的"开始"菜单中选中"程序"| Microsoft Visual Studio 6.0 | Microsoft Visual C++ 6.0 选项,启动 Visual C++ 6.0,如图 1-1 所示。

(2) 选中 Visual C++ 6.0 的 File|New 菜单项打开 New 对话框,在这个对话框中选择 Projects 选项卡,如图 1-2 所示。

(3) 在图 1-2 左侧的列表框中选中 Win32 Application 选项,在 Project name 编辑框中填写工程名称(如"MyPrj"),在 Location 编辑框中选择存放工程文件的路径,其余使用默认选项,如图 1-2 所示。最后,单击 OK 按钮,打开 Win32 Application-Step 1 of 1 对话

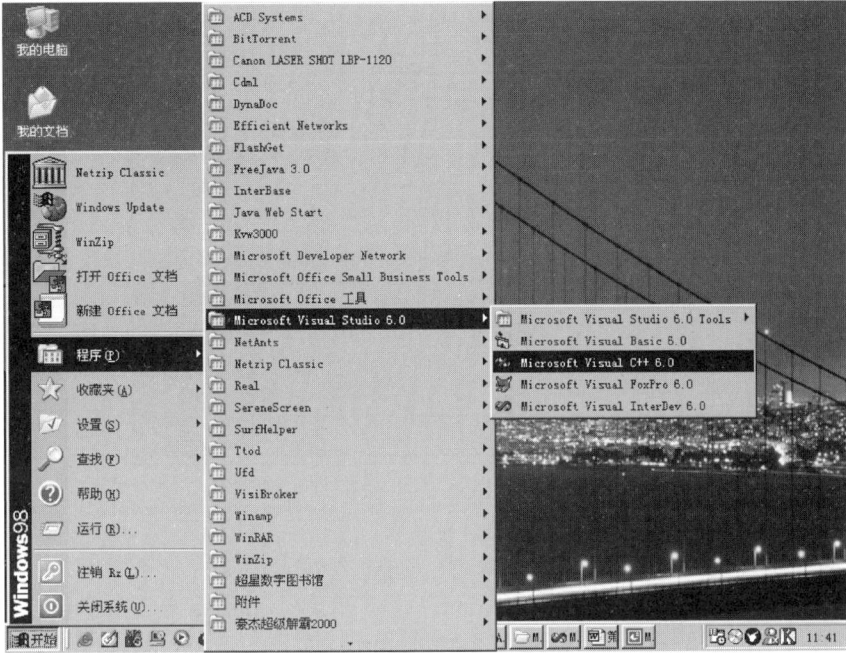

图 1-1 启动 Visual C++ 6.0

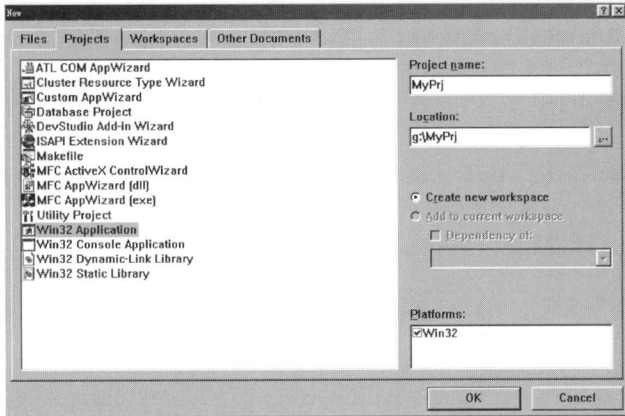

图 1-2 New 对话框的 Projects 选项卡

框,如图 1-3 所示。

(4) 在如图 1-3 所示的对话框中,可供选择的工程类型有 An empty project、A simple Win32 application、A typical "Hello World!" application。

选中 An empty project 选项,创建一个没有任何文件的空工程,用户需要自己向工程中添加所需要的文件。

选中 A simple Win32 application 选项,创建一个由系统自动生成必要代码的项目。

选中 A typical "Hello World!" application 选项,创建一个完整的 Win32 示例程序,这个程序在启动运行后会在窗口的用户区显示一个字符串"Hello World!"。

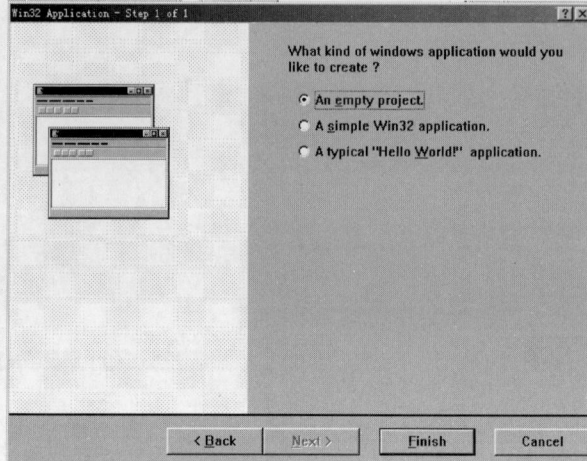

图 1-3 Win32 Application-Step 1 of 1 对话框

（5）选中 An empty project 选项，创建一个空 Win32 项目。

（6）选中 File|New 菜单项，打开 New 对话框，在这个对话框中选中 Files 选项卡，在选项卡中左侧的窗口中选中 C++ Source File，选中 Add to project 复选框在它下面的下拉列表框中选中工程名为当前项目名，在 File 文本框中填写要创建文件的名称（如MyPrj）。最后单击 OK 按钮，打开文件，如图 1-4 所示。

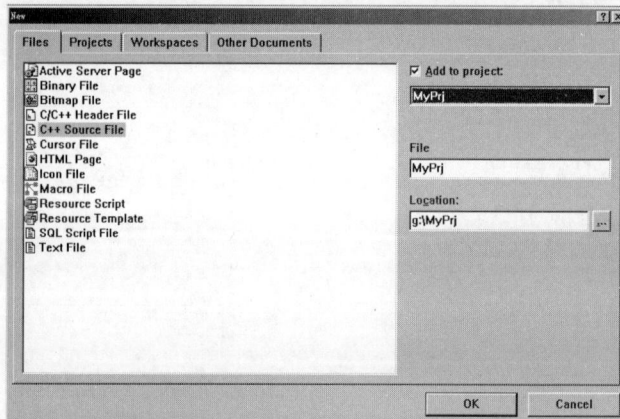

图 1-4   New 对话框的 Files 选项卡

（7）在打开的空文件中输入如下代码：

```
#include<windows.h>                         //编写 Windows 程序必须要包含的头文件
//声明窗口函数原型
LRESULT CALLBACK WndProc(HWND,UINT,WPARAM,LPARAM);
//------------------------------------------------------------
//主函数
int WINAPI WinMain(HINSTANCE hInstance, HINSTANCE PreInstance, LPSTR
    lpCmdLine, int nCmdShow)
```

```
{
    HWND hwnd;                                       //定义窗口句柄
    MSG  msg;                                        //定义一个用来存储消息的变量
    char lpszClassName[]="窗口";
    WNDCLASS wc;                                      //定义一个窗口类变量
    wc.style=0;
    wc.lpfnWndProc=WndProc;
    wc.cbClsExtra=0;
    wc.cbWndExtra=0;
    wc.hInstance=hInstance;
    wc.hIcon=LoadIcon(NULL,IDI_APPLICATION);
    wc.hCursor=LoadCursor(NULL,IDC_ARROW);
    wc.hbrBackground=(HBRUSH)GetStockObject(WHITE_BRUSH);
    wc.lpszMenuName=NULL;
    wc.lpszClassName=lpszClassName;
    RegisterClass(&wc);                               //注册窗口类
    hwnd=CreateWindow(  lpszClassName, "Windows", WS_OVERLAPPEDWINDOW, 120,
        50,800,600, NULL, NULL, hInstance, NULL);    //创建窗口
    ShowWindow(hwnd,nCmdShow);                        //显示窗口
    UpdateWindow(hwnd);
    while(GetMessage(&msg,NULL,0,0))                  //消息循环
    {
        TranslateMessage(&msg);
        DispatchMessage(&msg);
    }
    return msg.wParam;
}
//---------------------------------------------------
//处理消息的窗口函数
LRESULT CALLBACK WndProc(HWND hwnd, UINT message, WPARAM wParam, LPARAM lParam)
{
    switch(message)
    {
    case WM_LBUTTONDOWN:                              //按下鼠标左键消息
    {
        MessageBeep(0);                               //可以发出声音的 API 函数
    }
        break;
    case WM_DESTROY:
        PostQuitMessage(0);
        break;
    default:
        return DefWindowProc(hwnd,message,wParam,lParam);
    }
```

```
    return 0;
}
//------------------------------------------------
```

（8）按 Ctrl+F7 组合键，编译这个程序。

（9）如果程序编译通过，则按 Ctrl+F5 组合键运行这个应用程序。

（10）在教师的指导下排除程序中的错误。

（11）按 F11 键单步运行这个程序。

（12）参照上述步骤创建一个 A simple Win32 application 类型的 Win32 工程，在分析了自动生成的代码后，对程序进行修改使它能实现前面工程一样的功能。

（13）参照上述步骤创建一个 A typical "Hello World!" application 类型的 Win32 工程，在分析了自动生成的代码后，对程序进行修改使它能实现前面工程一样的功能。

（14）在代码编辑窗口，把光标放在代码行

```
WNDCLASS wc;                                          //定义一个窗口类变量
```

的 WNDCLASS 位置上，按 F1 键看看会出现什么情况。

第 2 章 Windows 应用程序的类封装 习题解答及上机实验

2.1 习题解答

2-1 在窗体类 CFrameWnd 中需要封装哪些成员?

答:在窗体类 CFrameWnd 中要封装窗口句柄、窗口类的定义、注册窗口类、创建窗口、显示更新窗口。

2-2 应用程序类 CWinApp 应该具备哪些主要功能?

答:创建、显示应用程序的窗口和建立消息循环。

2-3 在 MFC 程序设计中,如果要建立拥有自己风格的主窗口,应该重写什么函数?

答:继承 CWinApp 类并需要重写该类的成员函数 InitInstance()。

2-4 什么是消息映射表?

答:在 Windows SDK 应用程序的窗口函数中,是采用 switch…case 分支结构实现消息处理的,这种方式不适合面向对象设计的要求。因此 MFC 建立了一套自己的消息映射机制——消息映射表。从外观来看,这种表有些类似学校中使用的学生名册,学号相当于消息号,学生姓名就相当于消息处理函数名,学号和学生名一一对应(映射)。而 MFC 把实现表的代码用宏封装起来了。

2-5 略。

2.2 上 机 实 验

实验内容:

Windows 应用程序的类封装。

实验目的:

(1) 理解 Windows 应用程序的类封装过程,体会类封装给应用程序设计带来的好处。

(2) 在创建 Win32 工程中使用 MFC 类库。

实验步骤:

(1) 选中 File|New 菜单项,打开 New 对话框。

(2) 在 New 对话框的 Projects 选项卡中选中 Win32 Application 选项,创建一个 Win32 Application 工程。

(3) 在 Win32 Application-Step 1 of 1 对话框中选中 An empty project 选项。

(4) 选中 File|New 菜单项,打开 New 对话框。在其中选中 Files 选项卡,在其中选

中 C++ Source File 选项,创建源文件。

(5) 选中 Project|Settings 菜单项,打开如图 2-1 所示的 Project Settings 对话框。

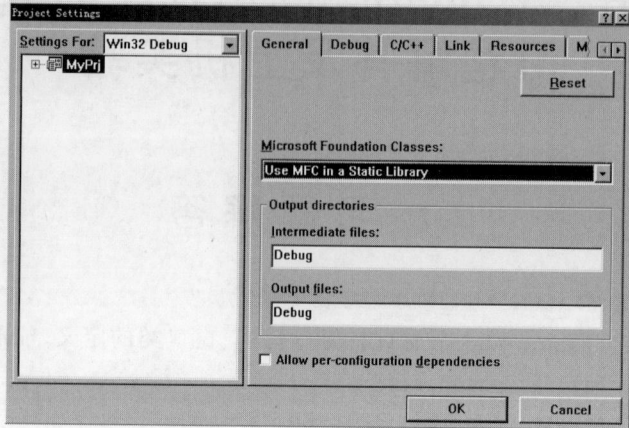

图 2-1 Project Settings 对话框

(6) 在 Project Settings 对话框的 General 选项卡中的 Microsoft Foundation Classes 下拉列表框中选中 Use MFC in a Static Library 选项。其余使用默认选项,然后单击 OK 按钮。这样在创建的应用程序中就可以使用 MFC 类库了。

(7) 在源文件中输入教材第 2 章的例 2-5 的源代码:

```
//需要包含的头文件--------------------------------------------------------------
#include<afxwin.h>
//由 CFrameWnd 派生的 CMyWnd 类--------------------------------------------
class CMyWnd:public CFrameWnd
{
private:
    char * ShowText;                    //声明一个字符串为数据成员
public:
    afx_msg void OnPaint();             //声明 WM_PAINT 消息处理函数
    afx_msg void OnLButtonDown();       //按下鼠标左键消息处理函数
    DECLARE_MESSAGE_MAP()               //声明消息映射
};
//消息映射的实现----------------------------------------------------------------
BEGIN_MESSAGE_MAP(CMyWnd,CFrameWnd)
    ON_WM_PAINT()
    ON_WM_LBUTTONDOWN()
END_MESSAGE_MAP()
//WM_PAINT 消息处理函数的实现--------------------------------------------------
void CMyWnd::OnPaint()
{
    CPaintDC dc(this);
    dc.TextOut(20,20,ShowText);
```

```
}
//WM_LBUTTONDOWMT 消息处理函数的实现--------------------------------------
void CMyWnd::OnLButtonDown()
{
    ShowText="有消息映射表的程序";          //当按下鼠标左键时,输入字符串
    InvalidateRect(NULL,TRUE);              //通知更新
}
//程序员由 CWinApp 派生的应用程序类--------------------------------------
class CMyApp:public CWinApp
{
public:
    BOOL InitInstance();
};
BOOL CMyApp::InitInstance()
{
    CMyWnd * pMainWnd=new CMyWnd;
    pMainWnd->Create(0,"MFC");
    pMainWnd->ShowWindow(m_nCmdShow);
    pMainWnd->UpdateWindow();
    m_pMainWnd=pMainWnd;
    return TRUE;
}
//定义 CMyApp 的对象 MyApp--------------------------------------------------
CMyApp MyApp;
//--------------------------------------------------------------------------
```

(8) 按 Ctrl+F7 组合键,编译这个程序。

(9) 如果程序编译通过,按 F7 键运行这个应用程序。

(10) 按 F11 键,单步运行这个程序。

第 3 章　MFC 应用程序框架
习题解答及上机实验

3.1　习题解答

3-1　学习使用 Visual C++ 的帮助文件并了解 CObject 类。

答：在已知要查找的项目关键字的条件下查找相关帮助的方法和步骤。

（1）选中 Help|Contents 菜单项，打开帮助文件。选中"索引"页，在"要查找的关键字"框内输入 CObject（大小写均可），如图 3-1 所示。

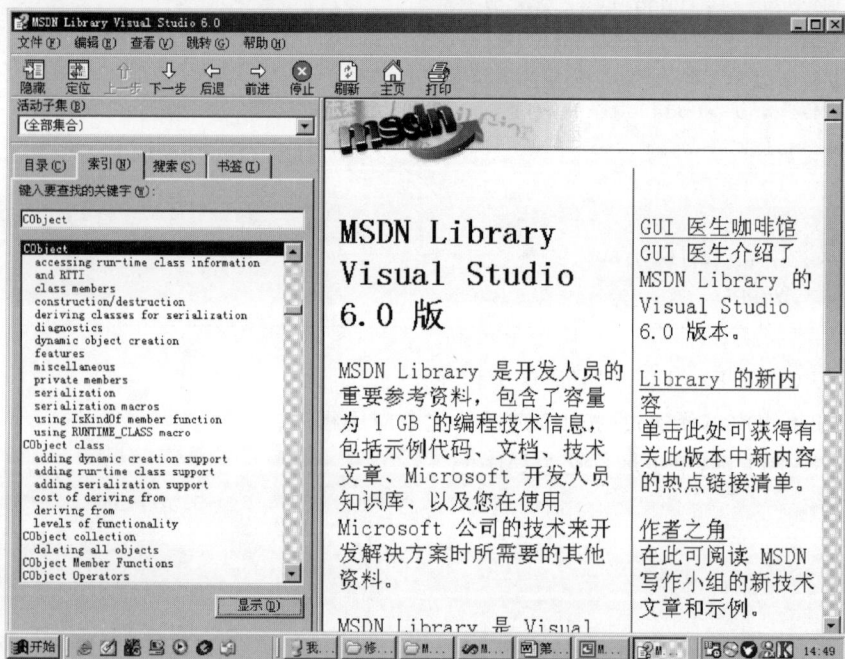

图 3-1　MSDN Library Visual Studio 6.0

（2）单击"显示"按钮，则可打开如图 3-2 所示的"已找到的主题"对话框。

（3）在"已找到的主题"对话框中选择要查找的主题，然后单击"显示"按钮，即可打开所要的帮助文档，如图 3-3 所示。

3-2　略。

3-3　简述构成文档/视图结构应用程序框架的 4 个 MFC 派生类，并说出它们的功能。

答：假如项目名称为 MyPrj，则 MFC AppWizard 会自动创建以下 4 个派生类来构成

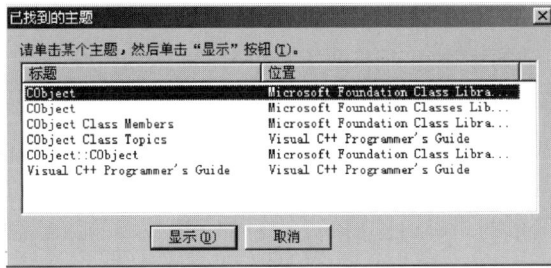

图 3-2 "已找到的主题"对话框

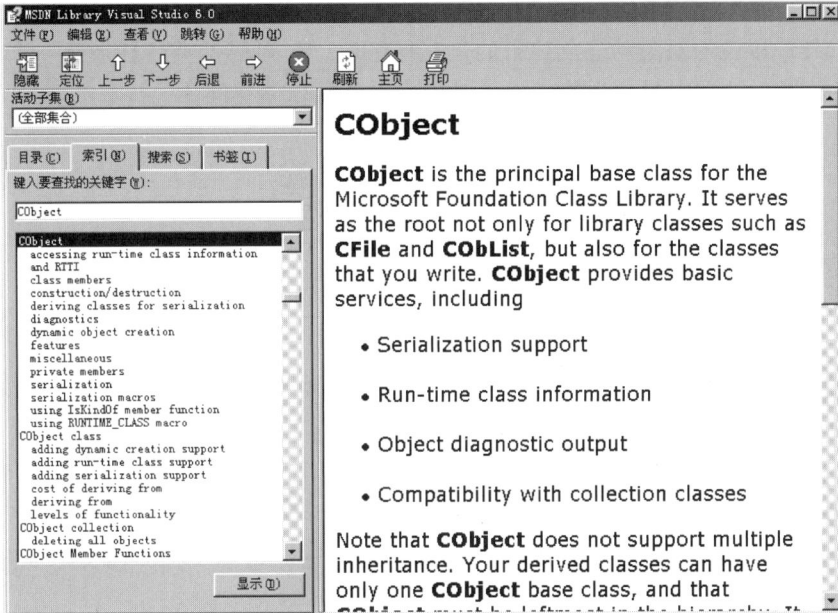

图 3-3 已找到的与主题相关的帮助文档

应用程序的框架：CFrame 类的派生类 CMainFrame、CWinApp 类的派生类 CMyPrjApp、CDocument 类的派生类 CMyPrjDoc、CView 类的派生类 CMyPrjView。

CmyPrjDoc 类对象用来存储和管理应用程序中的数据；CMainFrame 对象与 CMyPrjView 对象构成了应用程序的界面，CMainFrame 对象只是 CMyPrjView 对象的容器，而 CMyPrjView 类的对象是用来显示文档与接收用户事件的；CMyPrjApp 类的对象是应用程序的全局对象，它是应用程序中各对象的容器，负责创建应用程序界面和消息循环。

3-4 在文档/视图结构的应用程序中，视图类对象是如何获取文档类对象中的数据的？

答：是依靠视图类的成员函数 GetDocument() 返回文档对象指针，然后再通过该指针访问文档类的数据成员或函数成员的。

3-5 在 MFC 对程序窗口功能的划分中受到了什么启发？

答：由于简单的 MFC 应用程序框架没有把数据的存储部分和与用户的交互部分分

开,所以类违背了面向对象程序设计的"单一职责原则",从而使窗口类笨重杂乱,没有灵活性。而在文档/视图结构中则由于遵循了"单一职责原则",从而使文档类和视图类既有分工又有合作,代码清晰,程序架构灵活。

3-6 什么是类信息表? 它在对象动态创建中起什么作用?

答:类中存放了类信息的一个 CRuntimeClass 结构类型数据。其中的主要内容为类名称和指向对象构建函数的指针,建立该表的目的就是为了能在运行期根据类名称调用构建函数来动态创建对象。

3-7 MFC 所说的对象动态创建与 C++中的对象动态创建有什么区别? 对象动态创建的核心是什么?

答:MFC 所说的对象动态创建指的是在程序运行期间根据类名称创建一个对象;而C++所说的对象动态创建是为待创建的对象动态分配存储空间。

3.2 上机实验

实验内容:

MFC Windows 应用程序的框架类。

实验目的:

(1) 学习并熟悉使用 MFC AppWizard 创建单文档界面的 MFC Windows 应用程序的方法和步骤。

(2) 用 Workspace 项目管理窗口的 ClassView 选项卡了解 MFC 应用程序框架类。

实验步骤:

(1) 依照附录 A 的指导,用 MFC AppWizard 创建一个单文档界面文档视图结构的应用程序框架(如程序名称为 MyPrj)。

(2) 使用 Workspace 窗口的 ClassView 选项卡观察应用程序中的框架类,如图 3-4所示。

(3) 单击某个类名称前面的带有"+"的小方框,即可以树状图的方式展现该类的结构,如图 3-5 所示。

(4) 双击某个类的名称,可以打开该类的声明文件,在声明文件中观察这个类的结构。

图 3-4 ClassView 选项卡   图 3-5 在 ClassView 选项卡中观察类的结构

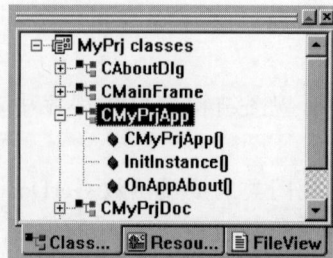

（5）选中 ClassView 选项卡，右击某个类的名称，在出现的快捷菜单中选中 BaseClasses 选项，在出现的对话框中观察类与其基类之间的关系，如图 3-6 所示。

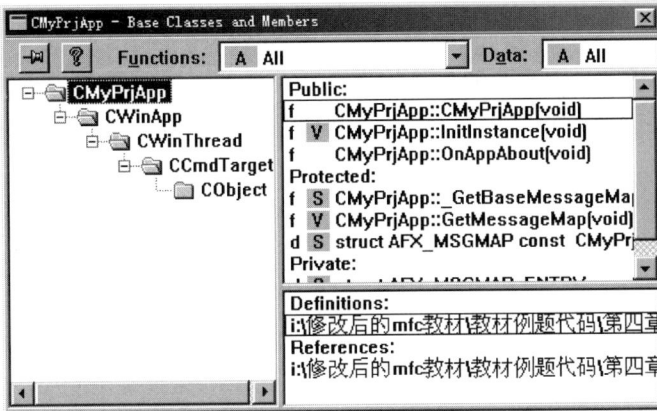

图 3-6　CMyPrjApp-Base Classes and Members 对话框

（6）用上述方法打开 CMyPrjApp-Base Classes and Members 对话框，沿着类的继承顺序寻找数据成员 m_pMainWnd，找到后双击，打开它的定义并观察其数据类型。

（7）按步骤（3）所说的方法展开视图类 CMyPrjView，并双击成员函数 GetDocument()的位置，在打开的代码中观察这个函数的实现代码，如图 3-7 所示。

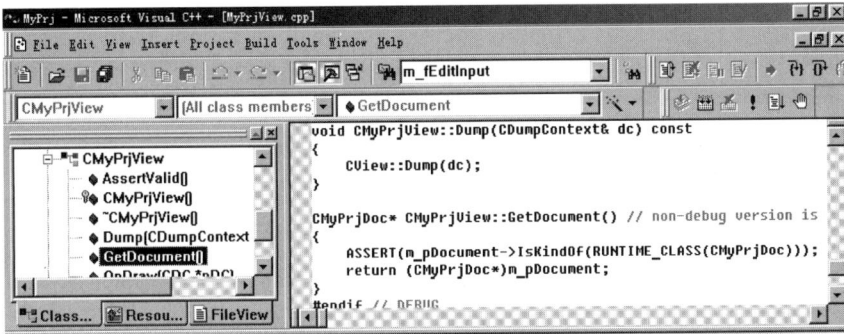

图 3-7　观察成员函数的实现代码

（8）选中 FileView 选项卡，与 ClassView 选项卡相对照了解这两个选项卡之间的关系。

（9）双击文档类 CMyPrjDoc 的名称，在打开的类声明中用如下代码声明一个字符指针成员：

```
public:
    char * m_pText;
```

（10）在 ClassView 选项卡中展开文档类 CMyPrjDoc 后，双击构造函数名称，在打开的函数实现中初始化字符指针 m_pText：

```
CMyPrjDoc::CMyPrjDoc()
```

```
{
    // TODO: add one-time construction code here
    m_pText="Hello World!";
}
```

（11）在 ClassView 选项卡中展开视图类 CMyPrjView 结构后，用鼠标双击视图类的
成员函数名称 OnDraw，在打开的函数中书写如下代码：

```
void CMyPrjView∷OnDraw(CDC * pDC)
{
    CMyPrjDoc * pDoc=GetDocument();
    ASSERT_VALID(pDoc);
    // TODO: add draw code for native data here
    pDC->TextOut(10,10,pDoc->m_pText);
}
```

（12）按 Ctrl＋F5 组合键，编译并运行该程序，观察其结果。

（13）按本书附录 A 介绍的给类添加消息响应函数的方法，给视图类添加 WM_
LBUTTONDOWN 消息响应函数 OnLButtonDown()，然后在其中书写如下代码：

```
void CMyPrjView∷OnLButtonDown(UINT nFlags, CPoint point)
{
    CMyPrjDoc * pDoc=GetDocument();
    pDoc->m_pText="HeLLo C++World!";
    InvalidateRect(NULL);
    CView∷OnLButtonDown(nFlags, point);
}
```

（14）按 Ctrl＋F5 组合键，编译并运行该程序，并体会视图类的成员函数 GetDocument()
的作用及使用方法。

第 4 章　图形习题解答及上机实验

4.1　习题解答

4-1　为什么要使用 DC？

答：为了屏蔽硬件输出设备的多样性（如显示器、打印机、绘图仪等），Windows 系统为程序员提供了一个可以操作这些硬件却与硬件无关的接口，于是就可以把对不同设备的操作方法统一起来。

4-2　在 MFC 中 CDC 的派生类有哪几个？试说出它们的作用。

答：

- CClientDC。应用在除 WM_PAINT 消息之外的消息处理函数中，提供窗口客户区的设备描述环境。
- CMetaFileDC。代表 Windows 图元文件的设备描述环境。在创建与设备无关的并且可以回放的图像时使用这个类型的 DC。
- CPaintDC。在 WM_PAINT 消息的处理函数 OnDraw() 中使用的窗口用户区的设备描述环境。
- CWindowDC。提供在整个窗口内（不只是用户区）绘图的设备描述环境。

4-3　如何把绘图工具载入设备描述环境？

答：使用 CDC 的成员函数 SelectObject() 把绘图工具载入设备描述环境。

4-4　如何使用 CDC 类提供的绘图方法绘图？

答：首先使用语句 CDC * pDC 创建一个 CDC 类对象的指针，然后用下面格式的语句来调用 CDC 类提供的各种方法：

```
pDC->方法名(参数);
```

4-5　编写一个应用程序，使用 CDC 类的 TextOut() 函数输出一字符串。

答：在 OnDraw() 函数中写入如下代码：

```
void CTextView::OnDraw(CDC * pDC)
{
    CTextDoc * pDoc=GetDocument();
    ASSERT_VALID(pDoc);
    // TODO: add draw code for native data here
    pDC->TextOut(20,20,"输出的字符串");
}
```

4-6　编写一个单文档应用程序，程序启动后在用户区显示一个方形，当单击用户区后,该方形会变为圆形,如果再单击则又变回方形。

答:设置一个开关变量 m_bKey,当其值为 FALSE 时,在 OnDraw( )函数中使用函数 Rectangle( )绘制方形;而当值为 TRUE 时,使用函数 Ellipse( )绘制圆形。

再定义一个成员变量 m_rectRec 存储方形和圆形的尺寸。

程序代码如下:

```
//在视图类声明中定义成员变量
private:
    BOOL m_bKey;
    CRect m_rectRec;
//在视图类的构造函数中对成员变量进行初始化
CRec_CrlView::CRec_CrlView():m_rectRec(100,100,400,400)
{
    // TODO: add construction code here
    m_bKey=FALSE;
}
//在视图类鼠标左键按下消息中添加如下代码
void CRec_CrlView::OnLButtonDown(UINT nFlags, CPoint point)
{
    if (m_bKey)
        m_bKey=FALSE;
    else
        m_bKey=TRUE;
    InvalidateRect(m_rectRec);
    CView::OnLButtonDown(nFlags, point);
}
//在视图类的 OnDraw()函数中添加如下代码
void CRec_CrlView::OnDraw(CDC * pDC)
{
    CRec_CrlDoc * pDoc=GetDocument();
    ASSERT_VALID(pDoc);
    if (m_bKey)
        pDC->Ellipse(m_rectRec);
    else
        pDC->Rectangle(m_rectRec);
}
```

4-7 编写一个应用程序,该程序运行后在用户区绘制一个圆形,每单击一次,圆的颜色会变化一次。

答:

(1) 在视图类声明中定义 3 个数据成员以描述颜色:

```
int m_clr1,m_clr2,m_clr3;
```

(2) 在视图类的鼠标按下消息响应函数中用下面的代码改变颜色:

```
void CColorView::OnLButtonDown(UINT nFlags, CPoint point)
{
    m_clr1-=10;
    InvalidateRect(NULL);
    CView::OnLButtonDown(nFlags, point);
}
```

（3）在视图类的 OnDraw（）函数中定义画刷和绘制圆形：

```
void CColorView::OnDraw(CDC * pDC)
{
    int clr=RGB(m_clr1,m_clr2,m_clr3);
    CBrush newBrush(clr);
    CBrush * oldBrush=pDC->SelectObject(&newBrush);
    pDC->Ellipse(20,20,220,220);
    pDC->SelectObject(oldBrush);
}
```

4.2　上　机　实　验

实验内容：

GDI 和 CDC。

实验目的：

（1）理解 GDI 函数。

（2）理解 DC 及 MFC 的 CDC 类。

（3）使用断点观察程序中变量的变化情况。

实验步骤：

（1）按本书习题 4-5 创建应用程序。

（2）程序运行无误后，把原来显示圆形改为显示方形，即把 OnDraw（）中的原来绘制圆形的代码改为

```
pDC->Rectangle(20,20,220,220);
```

（3）修改应用程序代码使显示图形的边框与填充色一致，即把 OnDraw（）函数改为

```
void CColorView::OnDraw(CDC * pDC)
{
    // TODO: add draw code for native data here
    int clr=RGB(m_clr1,m_clr2,m_clr3);
    CPen newPen(PS_SOLID,1,clr);
    CPen * oldPen=pDC->SelectObject(&newPen);
    CBrush newBrush(clr);
    CBrush * oldBrush=pDC->SelectObject(&newBrush);
    pDC->Rectangle(20,20,220,220);
```

```
    pDC->SelectObject(oldBrush);
    pDC->SelectObject(oldPen);
}
```

（4）鼠标按下消息响应函数的代码行

```
InvalidateRect(NULL);
```

的位置设置断点，观察成员变量 m_clr1 的变化。

第5章 MFC 的通用类习题解答及上机实验

5.1 习 题 解 答

5-1 解释下列语句的含义：

(1) CString s；

(2) CString s("Hello，Visual C ++ 6.0")；

(3) CString s('A'，100)；

(4) CString s(buffer，100)；

(5) CString s(anotherCString)。

答：

(1) 构造一个长度为 0 的字符串对象。

(2) 构造一个名称为 s 的字符串对象，并把字符串初始化为"Hello，Visual C ++ 6.0"。

(3) 构造一个名称为 s 的字符串对象，s 字符串的内容是 100 个 A。

(4) 构造一个名称为 s 的字符串对象，s 字符串的内容是 buffer 的头 100 个字符，再加一个 NULL。

(5) 构造一个名称为 s 的字符串对象，s 字符串的内容和 anotherCString 字符串的内容相同。

5-2 执行下列语句后，s 字符串中的内容是什么？

```
CString s(CString("Hello, world").Left(6)+CString("Visual C++").Right(3));
```

答：Hello，C ++ 。

5-3 现有语句 CString s("My,name,is,C ++ ")；若想将 s 字符串中的","全部更换成空格，将如何编写语句？

答：

```
s.Replace(',',' ');
pDC->TextOut(1,1,s);
```

5-4 CString 创建时只分配 128B 的缓冲区，如何分配更大的缓冲区？

答：使用 GetBuffer() 函数。

例如：

```
CString s;
s.GetBuffer(1024);
```

5-5 编写一个满足下面要求的单文档界面应用程序。

(1) 单击显示"您已经单击左键了"。

(2) 右击显示"您已经单击右键了"。

答：

(1) 为添加的消息响应函数编写如下代码：

```
CString str1="您已经单击左键了";
AfxMessageBox(str1,MB_OK|MB_ICONINFORMATION);
```

(2) 用同样的方法添加右键消息响应函数,代码如下：

```
CString str1="您已经单击右键了";
AfxMessageBox(str1,MB_OK|MB_ICONINFORMATION);
```

5-6 编写一个单文档界面应用程序,该程序可以测试在鼠标左键按下时鼠标光标的位置是否处在某规定的矩形框内,如果不在该矩形内则计算机的扬声器会发出"叮"的声音,反之则会在用户区显示光标的位置。

答：

(1) 用 MFC AppWizard 创建一个名称为 MusInRec 的单文档应用程序框架。

(2) 在视图类的声明中定义一个 CRect 类的对象来描述矩形,再定义一个 POINT 结构来存储鼠标在按下时的位置,即在视图类的声明中添加如下代码：

```
public:
    POINT m_point;
    CRect m_rRct;
```

(3) 在视图类的构造函数中初始化数据成员：

```
CMusInRecView::CMusInRecView():m_rRct(50,50,250,200)
{
    m_point.x=0;m_point.y=0;
}
```

(4) 在视图类的 OnDraw()函数中写入如下代码：

```
void CMusInRecView::OnDraw(CDC * pDC)
{
    CMusInRecDoc * pDoc=GetDocument();
    ASSERT_VALID(pDoc);
    // TODO: add draw code for native data here
    char s[20];
    wsprintf(s, "X=%d Y=%d ", m_point.x, m_point.y);
    pDC->TextOut(5,5,s);
}
```

(5) 在视图类的鼠标左键按下消息响应函数 OnLButtonDown()中写入如下代码：

```
void CMusInRecView::OnLButtonDown(UINT nFlags, CPoint point)
{
    if (m_rRct.PtInRect(point))
    {
        m_point.x=point.x;
        m_point.y=point.y;
    }
    else
    {
        MessageBeep(0);
    }
    InvalidateRect(NULL);
    CView::OnLButtonDown(nFlags, point);
}
```

说明：本题用到了一个 wsprintf() 函数，它的作用是把数字转换为字符，该函数的原型为

```
int wsprintf(
  LPTSTR lpOut,              //字符串缓冲区的指针
  LPCTSTR lpFmt,             //格式字符串的指针
  …                          //需要转换的参数
);
```

5-7　编写一个单文档界面应用程序，该程序在用户区能以在两个矩形的相交矩形为外接矩形画一个椭圆。

答：

（1）用 MFC AppWizard 创建一个名称为 RecRec 的单文档应用程序框架。

（2）在视图类的声明中声明两个描述矩形的成员变量：

```
CRect m_rRec1;
CRect m_rRec2;
```

（3）在视图类的构造函数中初始化数据成员：

```
CRecRecView::CRecRecView():m_rRec1(50,50,250,200),m_rRec2(100,120,300,400)
{
}
```

（4）在视图类的 OnDraw() 函数中写入如下代码：

```
void CRecRecView::OnDraw(CDC * pDC)
{
    CRecRecDoc * pDoc=GetDocument();
    ASSERT_VALID(pDoc);
    // TODO: add draw code for native data here
    int x1,y1;
```

```
int x2,y2;
//pDC->Rectangle(m_rRec1);
//pDC->Rectangle(m_rRec2);
if (m_rRec1.left<m_rRec2.left)
    x1=m_rRec2.left;
else
    x1=m_rRec1.left;
if (m_rRec1.top<m_rRec2.top)
    y1=m_rRec2.top;
else
    y1=m_rRec1.top;
if (m_rRec1.right<m_rRec2.right)
    x2=m_rRec1.right;
else
    x2=m_rRec2.right;
if (m_rRec1.bottom<m_rRec2.bottom)
    y2=m_rRec1.bottom;
else
    y2=m_rRec2.bottom;
pDC->Ellipse(x1,y1,x2,y2);
}
```

说明：该程序还有一些缺陷，它对两个矩形不相交的情况没有进行处理，试将应该有的代码补全。

5.2　上 机 实 验

5.2.1　简单通用类的应用

实验内容：

通用类的应用。

实验目的：

(1) 通过对 CRect 类对象的应用，了解该类的成员函数。

(2) 通过对 CPoint 类对象的应用，了解该类的成员函数。

实验步骤：

(1) 用 MFC AppWizard 创建一个名称为 Cls 的单文档界面应用程序框架。

(2) 在视图类的声明中声明成员变量：

```
public:
    CPoint m_point,m_ofpoint;
    CRect m_rRct1,m_rRct2;
```

(3) 在视图类的构造函数中对成员变量进行初始化：

```
CClsView::CClsView():m_rRct1(10,10,40,20),m_rRct2(10,30,40,40)
{
    // TODO: add construction code here
    m_point.x=10;
    m_point.y=0;
    m_ofpoint.x=0;
    m_ofpoint.y=10;
}
```

（4）在视图类的鼠标按下消息响应函数中添加如下代码：

```
void CClsView::OnLButtonDown(UINT nFlags, CPoint point)
{
    if (m_rRct1.right<100)
    {
        m_rRct1.OffsetRect(10,0);
        m_rRct2.OffsetRect(m_point);
    }
    else
    {
        m_rRct1.OffsetRect(10,10);
        m_rRct2.OffsetRect(m_point+m_ofpoint);
    }
    InvalidateRect(NULL);
    CView::OnLButtonDown(nFlags, point);
}
```

（5）在视图类的 OnDraw()函数中添加如下代码：

```
void CClsView::OnDraw(CDC * pDC)
{
    CClsDoc * pDoc=GetDocument();
    ASSERT_VALID(pDoc);
    // TODO: add draw code for native data here
    pDC->Rectangle(m_rRct1);
    pDC->Rectangle(m_rRct2);
}
```

（6）按 Ctrl＋F7 组合键，编译并运行程序。

（7）查阅 Visual C ++ 的帮助文件，了解 CPoint 和 CRect 类的成员函数，并在上面程序中用合适的方式运用这些成员函数。

5.2.2 群体类的应用

实验内容：

群体类 CArray 的应用。

实验目的：

通过对 CRect 类对象的应用，了解该类使用方法。

实验步骤：

（1）用 MFC AppWizard 创建一个名称为 DrawLine 的单文档界面应用程序框架。

（2）在应用程序的头文件 StdAfx.h 中包含头文件：

```
#include <afxtempl.h>
```

（3）在工程中声明一个类：

```
class Element
{
public:
    CPoint m_pPoint;
    CSize m_scSize;
    Element();
    Element(CPoint&point);
    virtual ~ Element();

};
```

（4）在类的构造函数中初始化成员：

```
Element::Element(CPoint&point):m_scSize(6,6)
{
    m_pPoint=point;
}
```

（5）在视图类的声明文件中包含头文件：

```
#include"Element.h"
```

（6）在视图类的声明中定义两个成员：

```
public:
    BOOL m_bDown;
    CArray<Element,Element&>m_aDraw;
```

（7）在视图类的鼠标按下消息响应函数 OnLButtonDown()中写入如下代码：

```
void CDrawLineView::OnLButtonDown(UINT nFlags, CPoint point)
{
    Element e(point);
    m_aDraw.Add(e);
    m_bDown=TRUE;
    InvalidateRect(NULL);
    CView::OnLButtonDown(nFlags, point);
}
```

(8) 在视图类的 OnDraw( )函数中写入如下代码：

```
void CDrawLineView::OnDraw(CDC * pDC)
{
    CDrawLineDoc * pDoc=GetDocument();
    ASSERT_VALID(pDoc);
    // TODO: add draw code for native data here
    if (m_bDown)
        for (int i=0;i<m_aDraw.GetSize();++i)
        {
            if (i!=0)
            {
                pDC->MoveTo(m_aDraw[i-1].m_pPoint.x,m_aDraw[i-1].m_pPoint.y);
                pDC->LineTo(m_aDraw[i].m_pPoint.x,m_aDraw[i].m_pPoint.y);
            }
            pDC->Rectangle(
                m_aDraw[i].m_pPoint.x-m_aDraw[i].m_scSize.cx/2,
                m_aDraw[i].m_pPoint.y-m_aDraw[i].m_scSize.cy/2,
                m_aDraw[i].m_pPoint.x+m_aDraw[i].m_scSize.cx/2,
                m_aDraw[i].m_pPoint.y+m_aDraw[i].m_scSize.cy/2);
        }
}
```

(9) 输入代码无误后,按 Ctrl+F5 组合键编译并运行程序,然后在用户区按下鼠标左键观察程序运行结果。

(10) 结合程序代码和程序运行结果,分析这个应用程序,体会群体类对象的使用。

(11) 把上面实验程序视图类中的数据定义都改在文档类,试编写程序使之仍然可以实现原程序的功能。

第6章 Windows 应用程序界面的设计 习题解答及上机实验

6.1 习 题 解 答

6-1 应用程序的界面有哪 3 种方式？

答：

（1）单文档界面。

（2）多文档界面。

（3）基于对话框界面。

6-2 分别说明什么是 SDI 界面的程序和什么是 MDI 界面的程序？

答：用户使用应用程序时，如果该程序一次只能打开一个文档，那么这种程序就称为 SDI 界面的程序，反之称为 MDI 界面的程序。

6-3 在使用 Visual C++ 提供的应用程序向导 MFC AppWizard 生成程序框架时，有哪几个机会允许程序员选择应用程序窗口的样式？

答：一是在 MFC AppWizard-Step 1 时，选择 SDI、MDI 和基于对话框界面的窗口样式。二是在 MFC AppWizard-Step 4 中，可以确定窗口上诸如工具条、状态条、外观等一些选择。三是在 MFC AppWizard-Step 4 单击 Advanced 按钮后弹出的对话框中，选择窗口的样式。

6-4 使用框架窗口类 PreCreateWindow()函数用坐标(200,200)(400,400)设计一个应用程序的窗口。

答：代码为

```
BOOL CMainFrame::PreCreateWindow(CREATESTRUCT& cs)
{
    if ( !CFrameWnd::PreCreateWindow(cs))
        return FALSE;
    cs.cx=400;
    cs.cy=400;
    cs.x=200;
    cs.y=200;
    cs.style=WS_OVERLAPPED;
    return TRUE;
}
```

6-5 如何用 MFC 提供的程序设计向导实现具有可拆分窗口的界面程序？

答：在 MFC 提供的程序设计向导 MFC AppWizard 的第 4 步中，即在 MFC

AppWizard-Step 4 of 6 对话框中单击 Advanced 按钮,在随后打开的 Advanced Options
对话框中选中 Window Styles 选项卡,并在该选项卡中选中 Use split window 复选框,如
图 6-1 所示。这样,由向导生成程序就会具有可拆分窗口的界面了。

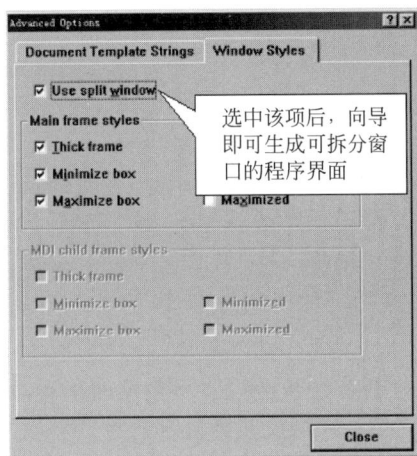

图 6-1 Advanced Options 对话框

6-6 文档类的成员函数 UpdateAllViews()的作用是什么?

答:通知文档所对应的所有窗口同时进行重绘。

6-7 为什么拆分窗口的显示更新必须要同步?

答:因为应用程序的所有拆分窗口显示的应该是同一个文档,所以当文档发生变化
时,该文档所对应的窗口当然要同时更新显示以正确地反映文档的内容。

6-8 什么是无效显示区?

答:无效显示区一般定义为窗口用户区上的一个矩形区域,这个区域应覆盖所有因
文档发生变化而需要重绘的部分。当程序需要重新绘制一个图形时,只要重新绘制该矩
形内部的图形就可以了。

6-9 如何提高拆分窗口同步更新的效率?

答:原则上,想办法只绘制无效显示区。

6.2 上机实验

6.2.1 实验 1

实验内容:

使用显示无效区提高同步更新效率。

实验目的:

(1)带有拆分窗口界面的应用程序的设计方法。

(2)理解显示无效区的概念。

(3)掌握以 CObject 类为基类派生类的方法。

实验步骤:

(1) 参照主教材例 6-3 创建应用程序。

(2) 修改应用程序使其在运行后,当在窗口用户区按下鼠标左键时会同时绘制一个圆形和一个矩形。

(3) 设计并修改无效显示区。

6.2.2　实验 2

实验内容:

增强视图类的应用。

实验目的:

了解增强视图类与基本视图类的区别。

实验步骤:

(1) 用 MFC AppWizard 创建一个名称为 ExView 的单文档界面应用程序,但要在 MFC AppWizard-Step 6 of 6 中对应用程序的视图类进行选择,这个对话框的选项如图 6-2 所示。

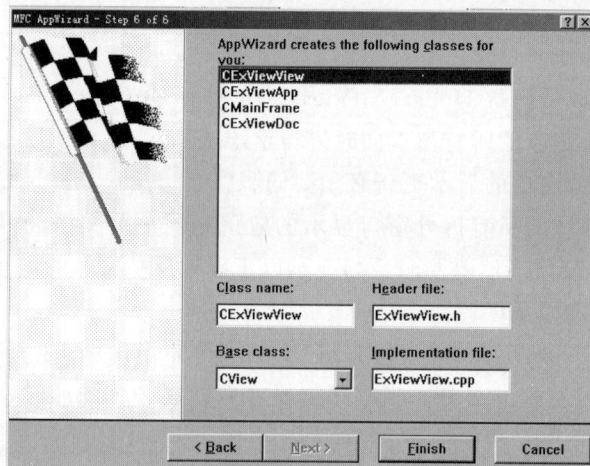

图 6-2　MFC AppWizard-Step 6 of 6 对话框

(2) 在上面的编辑框中选择视图类,然后打开 MFC AppWizard-Step 6 of 6 对话框下部的 Base class 下拉列表框(如图 6-3 所示),在其中选中需要的视图基类。本实验选择 CRichEditView。确认后,单击 Finish 按钮。

(3) 按 Ctrl+F5 组合键,编译并运行程序。

(4) 运行应用程序后可以发现,这是一个类似写字板的文本编辑应用程序。

(5) 分析该程序的类结构与代码,并与以前创建的应用程序进行比较。

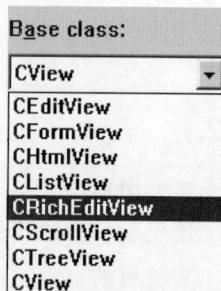

图 6-3　Base class 下拉列表中的选项

第 7 章　鼠标和键盘习题解答及上机实验

7.1　习 题 解 答

7-1　鼠标消息分为哪两类? 它们之间有什么区别?

答:根据产生鼠标消息时鼠标光标所处的位置,鼠标消息分为客户区鼠标消息和非客户区鼠标消息两类。在应用程序窗口中,用户可以绘图的部分称为客户区或者用户区,而除此之外的区域称为非客户区。鼠标在客户区产生的消息称为客户区鼠标消息,在非客户区产生的消息称为非客户区鼠标消息。

7-2　常用的客户区鼠标消息有哪些?

答:

WM_LBUTTONDBCLK	双击鼠标左键
WM_LBUTTONDOWN	按下鼠标左键
WM_LBUTTONUP	释放鼠标左键
WM_MOUSEMOVE	移动鼠标
WM_RBUTTONDBCLK	双击鼠标右键
WM_RBUTTONDOWN	按下鼠标右键
WM_RBUTTONUP	释放鼠标右键

7-3　在程序设计中,如何使用非客户区鼠标消息?

答:首先,在主框架窗口类的声明中手工添加非客户消息响应函数的声明,然后在主框架窗口类实现文件的消息映射表中添加消息映射,最后在主框架窗口类的实现文件中,添加鼠标响应函数并实现它。

7-4　如何安全地接收应用程序窗口以外的鼠标消息?

答:一般情况下,应用程序窗口是不会接收窗口之外的鼠标消息的,如果用户想接收应用程序窗口之外的鼠标消息,必须设法捕获鼠标消息。在 Windows 中,声明了一个专门用来捕获鼠标消息函数 CWnd * SetCapture();该函数一旦被调用,则所有的鼠标消息都将发往应用程序的窗口中。在捕获鼠标消息并完成了所应该做的工作之后,应用程序应该及时释放鼠标,以使鼠标可以按系统预定的正常方式发送消息,否则将使鼠标的一些正常作用失效。释放鼠标要使用下面的这个函数:BOOL ReleaseCapture()。

7-5　什么样的窗口才能接收键盘消息?

答:在 Windows 中,有时会同时打开多个窗口。在这些窗口中只有一个是活动窗口,这个窗口一般是屏幕上位置最靠前的窗口,它的特征是其标题栏是被点亮的,而不是灰色的。只有活动窗口才具有输入焦点,而 Windows 中规定只有具有输入焦点的窗口才能接收键盘消息,也就是说,只有活动窗口才能接收键盘消息。

7-6 为什么在 Windows 应用程序中不直接使用键盘的扫描码,而使用与键盘无关的虚拟码?怎样理解 Windows 中设备无关性这个概念?设备无关性对编写应用程序有什么作用?

答:键盘的扫描码是当用户直接按键盘上的按键时,由键盘的接口直接产生的与该键对应的一种编码。由于市面上的键盘种类很多,所以不同类型的键盘产生的扫描码有可能是不同的,也就是说,这种扫描码是与具体的键盘相关的。这样在编写程序时会有很大的不便。例如,在编写程序时使用了一种键盘的扫描码,但用户 PC 中使用的键盘扫描码与程序中使用的键盘扫描码是不相同的,那么对于用户来说这个程序是不实用的,对于程序员来说这个程序是不通用的,是失败的。所以在 Windows 编程中提出了设备无关性这个概念,它是基于通用性来设计的,基于这种方法设计出来的程序是不依赖于具体的硬件的,甚至不依赖于软件。它不单单是针对键盘,前面所学的 GDI 就是一个很好的例子。另外,它还应用在网络通信等方面。因此,设备无关性为人们编写程序带来了很大的方便。

7-7 键盘消息分为哪几类?哪些键只产生按键消息,不产生字符消息?·

答:键盘消息可以分成按键消息和字符消息两类。按键消息分为系统按键消息(WM_KEYDOWN,WM_KEYUP)和非系统按键消息(WM_SYSKEYDOWN,WM_SYSKEYUP)。字符消息也同样分为系统字符消息(WM_CHAR,WM_DEADCHAR)和非系统字符消息(WM_SYSCHAR,WM_SYSDEADCHAR)。值得注意的是,系统按键消息只能产生系统字符消息,非系统按键消息只能产生非系统的字符消息。在 Windows 中一些键是只产生按键消息而不产生字符消息的,这些键包括 Shift 键、Ctrl 键、功能键、光标移动键、特殊字符键(如 Insert 键、Delete 键)。

7-8 在程序中如何确定窗口何时具有输入焦点,何时失去输入焦点?

答:当应用程序的窗口获得输入焦点时,会发出 WM_SETFOCUS 消息;而当窗口失去输入焦点时,会发出 WM_KILLFOCUS 消息。如果一个窗口获得了输入焦点,便可以用键盘对这个窗口进行操作。

7-9 编写一个 Windows 应用程序,要求在窗口的用户区中绘制一个圆,当单击时,该圆放大;当右击时,该圆缩小;按住 Ctrl 键的同时移动鼠标,则该圆会随鼠标的移动而移动。

答:

(1) 创建一个名称为 My7_9 的 SDI 程序框架。

(2) 在文档类中添加一个数据成员:

```
CRect tagRect;
```

(3) 在其文档类的构造函数中添加如下初始化代码:

```
CMy7_9Doc::CMy7_9Doc()
{
    tagRect.left=270;tagRect.top=130;
```

```
    tagRect.right=420;tagRect.bottom=280;
}
```

（4）在其视图类的鼠标右键按下消息响应函数中写入如下代码：

```
void CMy7_9View::OnRButtonDown(UINT nFlags, CPoint point)
{
    CMy7_9Doc * pDoc=GetDocument();
    pDoc->tagRect.left+=5;
        pDoc->tagRect.top+=5;
        pDoc->tagRect.right-=5;
        pDoc->tagRect.bottom-=5;
    InvalidateRect(NULL,TRUE);
    CView::OnRButtonDown(nFlags, point);
}
```

（5）在视图类的左键按下消息响应函数中写入如下代码：

```
void CMy7_9View::OnLButtonDown(UINT nFlags, CPoint point)
{
    CMy7_9Doc * pDoc=GetDocument();
    pDoc->tagRect.left-=5;
    pDoc->tagRect.top-=5;
    pDoc->tagRect.right+=5;
    pDoc->tagRect.bottom+=5;
    InvalidateRect(NULL,TRUE);
    CView::OnLButtonDown(nFlags, point);
}
```

（6）在视图类的鼠标光标移动消息响应函数中写入如下代码：

```
void CMy7_9View::OnMouseMove(UINT nFlags, CPoint point)
{
    CMy7_9Doc * pDoc=GetDocument();
    CRect clientRect;
    GetClientRect(&clientRect);
    int r=(pDoc->tagRect.right-pDoc->tagRect.left)/2;
    if (nFlags&MK_CONTROL)
    {
        pDoc->tagRect.left=point.x-r;
        pDoc->tagRect.top=point.y-r;
        pDoc->tagRect.right=point.x+r;
        pDoc->tagRect.bottom=point.y+r;
    }
    InvalidateRect(NULL,TRUE);
    CView::OnMouseMove(nFlags, point);
}
```

（7）在视图类的 OnDraw() 函数中编写如下代码：

```
void CMy7_9View::OnDraw(CDC * pDC)
{
    CMy7_9Doc * pDoc=GetDocument();
    ASSERT_VALID(pDoc);
    pDC->Ellipse(pDoc->tagRect);
}
```

编译运行该程序，结果如图 7-1 所示。

7-10 编写一个 Windows 应用程序，将应用程序窗口的客户区均分为 16 个不同的区域，当光标移动到不同的区域中会出现不同的形状。

答：

（1）创建一个名称为 My7_10 的单文档应用程序框架。

（2）在视图类声明中定义一个成员变量：

```
public:
    HCURSOR * m_hCursor;
```

（3）在视图类的构造函数中编写如下代码：

```
CMy7_10View::CMy7_10View()
{
    static char * szCursor[]={
        IDC_ARROW,
        IDC_IBEAM,
        IDC_WAIT,
        IDC_CROSS,
        IDC_UPARROW,
        IDC_SIZENWSE,
        IDC_SIZENESW,
        IDC_SIZEWE,
        IDC_SIZENS,
        IDC_SIZEALL,
        IDC_NO,
        IDC_APPSTARTING,
        IDC_HELP,
        IDC_ARROW,
        IDC_ARROW,
        IDC_ARROW
    };
    for (int i=0;i<16;i++)
        m_hCursor[i]=::LoadCursor(NULL,szCursor[i]);
}
```

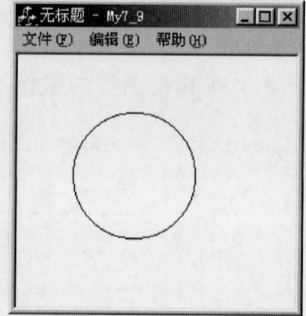

图 7-1 My7_9 应用程序运行结果

（4）为视图类添加一个成员函数 GetCursorRegion()，代码如下：

```
int CMy7_10View::GetCursorRegion(POINT * lpPt)
{    RECT Rect;
     GetClientRect(&Rect);
     int x=(lpPt->x * 4)/Rect.right;
     if (x>3) x=3;
     int y=(lpPt->y * 4)/Rect.bottom;
     if (y>3) y=3;
     return(y * 4+x);
}
```

（5）在视图类的 WM_SETCURSOR 消息响应函数中编写如下代码：

```
BOOL CMy7_10View::OnSetCursor(CWnd * pWnd, UINT nHitTest, UINT message)
{
    if (nHitTest==HTCLIENT)
    {    POINT pt;
         GetCursorPos(&pt);
         ScreenToClient(&pt);
         int nCursor=GetCursorRegion(&pt);
         ::SetCursor(m_hCursor[nCursor]);
         return(TRUE);
    }
    return CView::OnSetCursor(pWnd, nHitTest, message);
}
```

（6）在视图类的鼠标移动消息响应函数中编写如下代码：

```
void CMy7_10View::OnMouseMove(UINT nFlags, CPoint point)
{
    static   CString strCursor[]=
    {
        "IDC_ARROW","IDC_IBEAM","IDC_WAIT",
        "IDC_CROSS","IDC_UPARROW","ID_SIZENWSE",
        "IDC_SIZENESW","IDC_SIZEWE","IDC_SIZENS",
        "IDC_SIZEALL","IDC_NO","IDC_APPSTARTING",
        "IDC_HELP","IDC_ARROW","IDC_ARROW","IDC_ARROW"
    };
    int nCursor=GetCursorRegion(&point);
    CClientDC ClientDC(this);
    CString strInfo;
    strInfo="Cursor:"+strCursor[nCursor]+"     ";
    ClientDC.TextOut(0,0,strInfo,strInfo.GetLength());
    CView::OnMouseMove(nFlags, point);
}
```

（7）编译运行程序。

7-11 试编写一个能满足如下要求的 Windows 应用程序。

（1）在窗口中绘制一个像 OICQ 中的表情符号那样的小人脸，当用户在窗口用户区中按下鼠标左键时，小人的脸会变为黑色的哭泣的脸；而当释放鼠标左键时，小人的脸又变为红色的笑脸。

（2）当在窗口用户区中按下鼠标左键并拖动鼠标将其移出窗口以外时，释放鼠标左键，小人的脸会又变为红色的笑脸。

答：

（1）首先创建一个名称为 My7_11 的 SDI 程序，为其文档类声明中添加一个数据成员：

```
public:
    int color;
```

（2）在其文档类的构造函数中添加如下初始化代码：

```
CMy7_11Doc::CMy7_11Doc()
{
    color=1;
}
```

（3）在视图类的 WM_LBUTTONDOWN 消息响应函数中编写如下代码：

```
void CMy7_11View::OnLButtonDown(UINT nFlags, CPoint point)
{
    CMy7_11Doc * pDoc=GetDocument();
    ASSERT_VALID(pDoc);
    SetCapture();
    pDoc->color=2;
    InvalidateRect(NULL,TRUE);
    CView::OnLButtonDown(nFlags, point);
}
```

（4）在视图类的 WM_LBUTTONUP 消息响应函数中编写如下代码：

```
void CMy7_11View::OnLButtonUp(UINT nFlags, CPoint point)
{
    CMy7_11Doc * pDoc=GetDocument();
    ASSERT_VALID(pDoc);
    ReleaseCapture();
    pDoc->color=1;
    InvalidateRect(NULL,TRUE);
    CView::OnLButtonUp(nFlags, point);
}
```

（5）编写视图类的 OnDraw()函数，代码如下：

```
void CMy7_11View::OnDraw(CDC * pDC)
```

```
{
    CMy7_11Doc * pDoc=GetDocument();
    ASSERT_VALID(pDoc);
    CPen pen, * oldpen;
    if (pDoc->color==1)
        pen.CreatePen(PS_SOLID,1,RGB(255,0,0));
    else
        pen.CreatePen(PS_SOLID,1,RGB(0,0,0));
    oldpen=pDC->SelectObject(&pen);
    pDC->Ellipse(275,170,425,320);
    pDC->Arc(290,215,340,240,340,225,290,225);
    pDC->Arc(360,215,410,240,410,225,360,225);
    if (pDoc->color==1)
        pDC->Arc(320,240,380,300,320,270,380,270);
    else
        pDC->Arc(320,270,380,310,380,290,320,290);
    pDC->SelectObject(oldpen);
    // TODO: add draw code for native data here
}
```

（6）编译运行该程序。

7-12　编写一个 Windows 应用程序,在窗口用户区中绘制一个矩形,用键盘上的上、下、左、右光标键可以使该矩形分别向这 4 个方向移动,当按 Home 键时该矩形会从左上角方向增大,当按 End 键时该矩形会从右下角方向缩小,当单击时该矩形会恢复到原始尺寸。

答：

（1）首先创建一个名称为 My7_12 的 SDI 应用程序框架。

（2）为其文档类中添加一个数据成员：

```
public:
    CRect tagRect;
```

（3）文档类的构造函数中添加如下初始化代码：

```
CMy7_12Doc::CMy7_12Doc()
{
    tagRect.left=250;
    tagRect.top=150;
    tagRect.right=450;
    tagRect.bottom=300;
}
```

（4）在视图类的 WM_KEYDOWN 消息响应函数中编写如下代码：

```
void CMy7_12View::OnKeyDown(UINT nChar, UINT nRepCnt, UINT nFlags)
{
```

```
CMy7_12Doc * pDoc=GetDocument();
CRect client;
GetClientRect(&client);
switch(nChar)
{
    case VK_LEFT:
        pDoc->tagRect.left-=5;
        pDoc->tagRect.right-=5;
        break;
    case VK_RIGHT:
        pDoc->tagRect.left+=5;
        pDoc->tagRect.right+=5;
        break;
    case VK_UP:
        pDoc->tagRect.top-=5;
        pDoc->tagRect.bottom-=5;
        break;
    case VK_DOWN:
        pDoc->tagRect.top+=5;
        pDoc->tagRect.bottom+=5;
        break;
    case VK_HOME:
        pDoc->tagRect.left-=5;
        pDoc->tagRect.top-=5;
        break;
    case VK_END:
        pDoc->tagRect.right-=5;
        pDoc->tagRect.bottom-=5;
        break;
}
InvalidateRect(NULL,TRUE);
CView::OnKeyDown(nChar, nRepCnt, nFlags);
}
```

（5）在视图类的 WM_LBUTTONDOWN 消息响应函数中编写如下代码：

```
void CMy7_13View::OnLButtonDown(UINT nFlags, CPoint point)
{
    CMy7_12Doc * pDoc=GetDocument();
    pDoc->tagRect.left=250;
    pDoc->tagRect.top=150;
    pDoc->tagRect.right=450;
    pDoc->tagRect.bottom=300;
    InvalidateRect(NULL,TRUE);
    CView::OnLButtonDown(nFlags, point);
```

```
}
```

(6) 编写视图类的 OnDraw() 函数,代码如下:

```
void CMy7_12View::OnDraw(CDC * pDC)
{
    CMy7_12Doc * pDoc=GetDocument();
    pDC->Rectangle(pDoc->tagRect);
}
```

7-13　编写一个可以实现下述功能的 Windows 应用程序。

(1) 按 Ctrl 键时,在窗口中输出"你按了 Ctrl 键,该键只产生按键消息不产生字符消息!"。

(2) 按 Shift 键时,在窗口中输出"你按了 Shift 键,该键只产生按键消息不产生字符消息!"。

(3) 按小写 r 键时,弹出对话框,内容为"你按一个字符键 r,该键既产生按键消息又产生字符消息!"。

(4) 按 Esc 键时,弹出对话框,内容为"你按了 Esc 键,该键既产生按键消息又产生字符消息!"。

(5) 按 Ctrl＋A 键时,弹出对话框,内容为"你按了 Ctrl＋A 组合键,Ctrl 键只产生按键消息,A 键产生字符消息!"。

(6) 按 Shift＋B 键时,弹出对话框,内容为"你按了 Shift＋B 组合键,Shift 键只产生按键消息,B 键产生字符消息!"。

答:

(1) 首先创建一个名称为 My7_13 的 SDI 应用程序框架。

(2) 在其文档类声明中添加如下数据成员:

```
public:
    CString text,text1,text2,text3,text4,text5,text6;
    int textflag;
```

(3) 在其文档类的构造函数中添加如下初始化代码:

```
CMy7_13Doc::CMy7_13Doc()
{
    textflag=1;
    text1="你按了 Ctrl 键,该键只产生按键消息不产生字符消息!";
    text2="你按了 Shift 键,该键只产生按键消息不产生字符消息!";
    text3="你按一个字符键 r,该键既产生按键消息又产生字符消息!";
    text4="你按了 Esc 键,该键既产生按键消息又产生字符消息!";
    text5="你按了 Ctrl+A 组合键,Ctrl 键只产生按键消息,A 键产生字符消息!";
    text6="你按了 Shift+B 组合键,Shift 键只产生按键消息,B 键产生字符消息!";
}
```

(4) 在视图类的 WM_KEYDOWN 消息响应函数中编写如下代码:

```
void CMy7_13View::OnKeyDown(UINT nChar, UINT nRepCnt, UINT nFlags)
{
    CMy7_13Doc * pDoc=GetDocument();
    switch(nChar)
    {
        case VK_CONTROL:
            pDoc->textflag=1;
            pDoc->text=pDoc->text1;
            break;
        case VK_SHIFT:
            pDoc->textflag=1;
            pDoc->text=pDoc->text2;
            break;
    }
    InvalidateRect(NULL,TRUE);
    CView::OnKeyDown(nChar, nRepCnt, nFlags);
}
```

（5）在视图类的 WM_CHAR 消息响应函数中编写如下代码：

```
void CMy7_13View::OnChar(UINT nChar, UINT nRepCnt, UINT nFlags)
{
    CMy7_13Doc * pDoc=GetDocument();
    switch(nChar)
    {
        case 'r':
            pDoc->textflag=2;
            pDoc->text=pDoc->text3;
            break;
        case VK_ESCAPE:
            pDoc->textflag=2;
            pDoc->text=pDoc->text4;
            break;
        case 0x01:
            pDoc->textflag=2;
            pDoc->text=pDoc->text5;
            break;

        case 'B':
            if (GetKeyState(VK_SHIFT))
            {
                pDoc->textflag=2;
                pDoc->text=pDoc->text6;
            }
            break;
```

```
        default:
            pDoc->textflag=0;
    }
    InvalidateRect(NULL,TRUE);
    CView::OnChar(nChar, nRepCnt, nFlags);
}
```

（6）在视图类的 OnDraw()函数中编写如下代码：

```
void CMy7_13View::OnDraw(CDC * pDC)
{
    CMy7_13Doc * pDoc=GetDocument();
    ASSERT_VALID(pDoc);
    if (pDoc->textflag==1)
        pDC->TextOut(150,150,pDoc->text);
    else if (pDoc->textflag==2)
        MessageBox(pDoc->text,"Test",MB_OK);
}
```

（7）按 Ctrl＋F5 组合键，编译运行该程序。

7.2　上机实验

实验内容：
简单文本编辑器。

实验目的：
（1）键盘消息综合运用。
（2）学习插入符的使用。

实验步骤：
这是一个简单的文本编辑器，其功能如下。
- 窗口中具有光标插入符，在插入符位置可以输入英文字符。
- 按 Enter 键可以换行，按 BackSpace 键可以删除字符。
- 当回退到行首时，弹出对话框，内容为"当前位置是文本的起始位置不能回退"，利用上、下、左、右光标键可以移动光标插入符，光标插入符的作用范围是整个客户区，不能超出此范围。

（1）创建一个名称为 MyEditer 的 SDI 应用程序框架。
（2）在其文档类声明中添加两个数据成员：

```
public:
    CString str;
    int num;
```

（3）在文档类的构造函数中对 num 进行初始化，代码如下：

```
CMyEditerDoc::CMyEditerDoc()
{
    //TODO: add one-time construction code here
    num=-1;
}
```

（4）在视图类消息 WM_KILLFOCUS 的消息响应函数中编写如下代码：

```
void CMyEditerView::OnKillFocus(CWnd * pNewWnd)
{
    CView::OnKillFocus(pNewWnd);
    HideCaret();
    DestroyCaret();
}
```

（5）在视图类消息 WM_SETFOCUS 的消息响应函数中编写如下代码：

```
void CMyEditerView::OnSetFocus(CWnd * pOldWnd)
{
    CView::OnSetFocus(pOldWnd);
    int nLnHeight;
    CClientDC ClientDC(this);
    TEXTMETRIC tm;
    GetTextMetrics(ClientDC,&tm);
    nLnHeight=tm.tmHeight+tm.tmExternalLeading;
    POINT p;
    p.x=0;
    p.y=0;
    CreateSolidCaret(2,nLnHeight);
    SetCaretPos(p);
    ShowCaret();
}
```

（6）在视图类消息 WM_CHAR 的消息响应函数中编写如下代码：

```
void CMyEditerView::OnChar(UINT nChar, UINT nRepCnt, UINT nFlags)
{
    CMyEditerDoc * pDoc=GetDocument();
    int nLnHeight,nCharWidth;
    CClientDC ClientDC(this);
    CRect client;
    GetClientRect(client);
    TEXTMETRIC tm;
    GetTextMetrics(ClientDC,&tm);
    nLnHeight=tm.tmHeight+tm.tmExternalLeading;
    nCharWidth=tm.tmAveCharWidth;
    HideCaret();
```

```
        CPoint pt=GetCaretPos();
    switch(nChar)
    {
        case VK_BACK:
        if (pt.x<=client.left)
        {
            MessageBox(
            "当前位置是文本的起始位置不能回退",
            "NotePad",MB_OK);
            break;
        }
        pt.x-=nCharWidth;
        ClientDC.TextOut(pt.x,pt.y,"  ");
    break;
    case VK_RETURN:
        if (pt.y<client.bottom-nLnHeight)
        {
            pt.x=0;
            pt.y+=nLnHeight;
        }
        break;
    default:
        pDoc->num+=1;
        pDoc->str+=(LPCTSTR) &nChar;
        ClientDC.TextOut(pt.x,pt.y,pDoc->str[pDoc->num]);
        if (pt.x>client.right)
        {
            pt.x=0;
            pt.y+=nLnHeight;
        }
        pt.x+=nCharWidth+2;
    }
    SetCaretPos(pt);
    ShowCaret();
    CView::OnChar(nChar, nRepCnt, nFlags);
}
```

(7) 在视图类消息 WM_KEYDOWN 的消息响应函数中输入如下代码：

```
void CMyEditerView::OnKeyDown(UINT nChar, UINT nRepCnt, UINT nFlags)
{
    CMyEditerDoc * pDoc=GetDocument();
    int nLnHeight,nCharWidth;
    CClientDC ClientDC(this);
    CRect client;
```

```
GetClientRect(client);
TEXTMETRIC tm;
GetTextMetrics(ClientDC,&tm);
nLnHeight=tm.tmHeight+tm.tmExternalLeading;
nCharWidth=tm.tmAveCharWidth;
HideCaret();
CPoint pt=GetCaretPos();
switch(nChar)
{
    case VK_LEFT:
        if (pt.x>0)
            pt.x-=nCharWidth;
        break;
    case VK_RIGHT:
        if(pt.x<client.right-nCharWidth)
            pt.x+=nCharWidth;
        break;
    case VK_UP:
        if(pt.y>client.top)
            pt.y-=nLnHeight;
        break;
    case VK_DOWN:
        if(pt.y<client.bottom-nLnHeight)
            pt.y+=nLnHeight;
        break;
}
SetCaretPos(pt);
ShowCaret();
CView::OnKeyDown(nChar, nRepCnt, nFlags);
}
```

(8) 按 Ctrl+F5 组合键,编译运行该程序。

从程序的运行结果可以看出,这是一个极不完善的文本编辑器,若有兴趣,可自行完善。

第8章 资源习题解答及上机实验

8.1 习 题 解 答

8-1 在 Windows 应用程序中,什么样的数据称为资源? 常用资源有哪些?

答:资源是一种数据。在应用程序启动后,它们仍然驻留在硬盘上的可执行文件中,只是在应用程序需要时,才从可执行文件中读取它们。

常用的资源有菜单、图标、字符串、快捷键、位图等。

8-2 在 Visual C++ 中,编辑资源数据可以使用哪两种方法?

答:

(1) 在文本编辑器中直接对资源脚本文件和资源头文件进行编辑的方法。

(2) 使用 Visual C++ 的资源编辑器对资源脚本文件和资源头文件进行编辑的方法。

8-3 程序运行时,用户选中一个菜单项,会发出哪种消息? 根据什么判断消息源?

答:用户选中菜单项时,会发出 WM_COMMAND 消息,系统根据菜单项的标识 ID 来识别是哪一个菜单项发出的消息。

8-4 在程序中如何使用图标资源?

答:先用图标编辑器制作图标,以扩展名.ico 把图标文件保存,并把这个图标文件加入工程的资源文件夹中,然后在工程的资源头文件中定义资源的标识,在资源描述文件中声明图标文件的路径,这样就可以在程序中需要的地方使用它了。

8-5 简述在 MFC 中使用位图资源的步骤。

答:

(1) 使用 LoadBitmap()函数把位图资源载入位图对象。

(2) 用 GetBitmap()获得位图信息。

(3) 用以下代码把位图选入内存环境变量:

```
CDC MemDC;                        //定义设备环境对象
MemDC.CreateCompatibleDC(NULL);   //创建内存设备环境
MemDC.SelectObject(&m_Bmp);
```

(4) 用 BitBlt()函数显示位图。

8-6 创建一个具有菜单的 Windows 应用程序,用编辑 MFC AppWizard 提供现有菜单的方法创建应用程序的菜单。其中主菜单包括"文件""编辑""帮助"3 个选项。"文件"菜单的子菜单有"新建""打开""退出"等菜单项,"编辑"菜单的子菜单中有"剪切""粘贴""复制"等菜单项,"帮助"菜单的子菜单中有"帮助目录""关于"等菜单项。试编写该资源的文本文件。

答:

(1) 本菜单资源的文本文件为

```
IDR_MAINFRAME MENU PRELOAD DISCARDABLE
BEGIN
    POPUP "文件(&F)"
    BEGIN
        MENUITEM "新建(&N)\tCtrl+N",ID_FILE_NEW
        MENUITEM "打开(&O)···\tCtrl+O",ID_FILE_OPEN
        MENUITEM "退出(&X)",ID_APP_EXIT
    END
    POPUP "编辑(&E)"
    BEGIN
        MENUITEM "剪切(&T)\tCtrl+X",ID_EDIT_CUT
        MENUITEM "复制(&C)\tCtrl+C",ID_EDIT_COPY
        MENUITEM "粘贴(&P)\tCtrl+V",ID_EDIT_PASTE
    END
    POPUP "帮助(&H)"
    BEGIN
        MENUITEM "帮助目录(&H)···",ID_APP_HELP
        MENUITEM "关于 My8_6(&A)···",ID_APP_ABOUT
    END
END
```

(2) 由于增加了一个菜单选项"帮助目录"的标识 ID_APP_HELP,故还需要在程序资源的头文件 Resource.h 中增加如下定义语句:

```
#define ID_APP_HELP 130
```

8-7 创建一个单文档应用程序,试用 Visual C++ 的资源编辑器修改原菜单,在主菜单中添加一个选项"标记"。"标记"的子菜单中有"标记 1""标记 2""标记 3"这 3 个菜单选项。要求在这 3 个菜单选项前面设置一个标记,当选项被选中后会显示该标记,而再次选中时则去掉标记。

答:

(1) 用 MFC AppWizard 创建一个名称为 My8_7 的应用程序框架。

(2) 在 Workspace 窗口中选中 ResourceView 选项卡,双击菜单资源图标打开资源文件的可视方式,如图 8-1 所示。

(3) 用鼠标把主菜单上的空白项拖到如图 8-1 所示的位置。

(4) 双击空白选项,在打开的 Menu Item Properties 对话框中选择适当的选项并在"标题"文本框中输入"标记 3",如图 8-2 所示。

(5) 连续用第(4)步的方法对"标记"子菜单的选项"标记 1""标记 2""标记 3"进行编辑。编辑的内容主要是标题和 ID,编辑后的结果如图 8-3 所示,最后把文件保存。

(6) 在视图类的声明中添加成员变量:

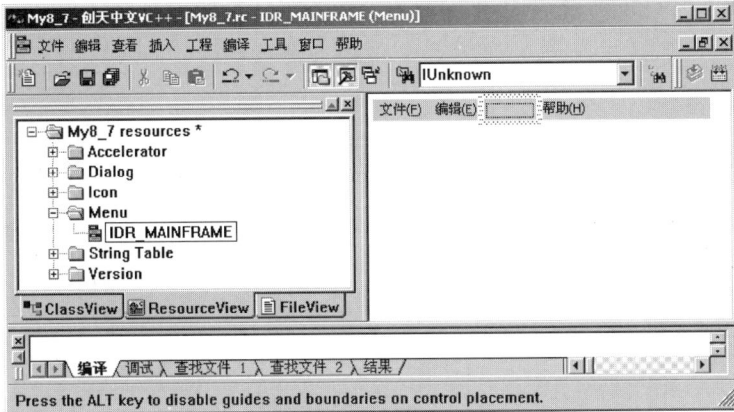

图 8-1　用资源编辑器打开菜单的资源文件的可视化形式

图 8-2　输入"标记 3"

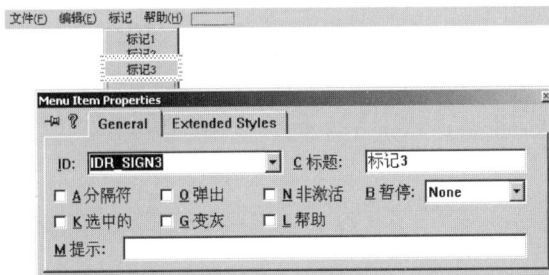

图 8-3　用资源编辑器编辑后的菜单资源文件的可视化形式

```
public:
    BOOL m_bSign1;
    BOOL m_bSign2;
    BOOL m_bSign3;
```

（7）在视图类的构造函数中为上面的成员变量进行初始化：

```
m_bSign1=FALSE;
m_bSign2=FALSE;
m_bSign3=FALSE;
```

（8）在 Workspace 窗口的 ClassView 选项卡中，右击一个类的名称，在打开的菜单中选中 Add Windows Message Handler 选项，并在它的 Class or object to handle 列表框中

选中添加的各选项的标识,然后在左边的文本框中选择要使用的消息宏(本题需要进行两次选择,既要选用命令消息宏 COMMAND,又要选用 UPDATE_COMMAND_UI),如图 8-4 所示。

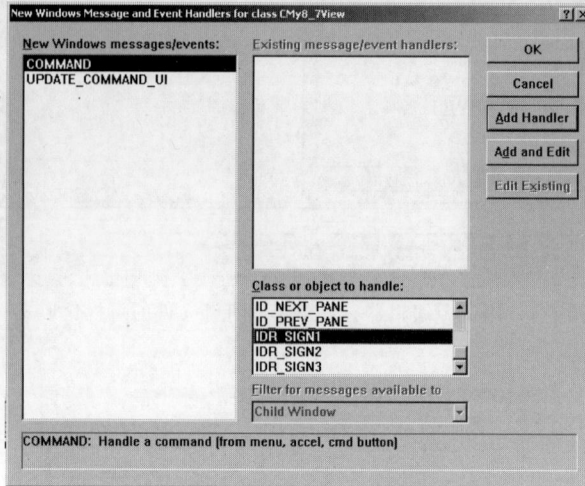

图 8-4 用来为类添加窗口消息的对话框

(9) 菜单项"标记 1"的响应函数如下:

```
void CMy8_7View::OnSign1()
{
    m_bSign1=!m_bSign1;
}
void CMy8_7View::OnUpdateSign1(CCmdUI * pCmdUI)
{
    pCmdUI->SetCheck(m_bSign1);
}
```

(10) 菜单项"标记 2"的响应函数如下:

```
void CMy8_7View::OnSign2()
{
    m_bSign2=!m_bSign2;
}
void CMy8_7View::OnUpdateSign2(CCmdUI * pCmdUI)
{
    pCmdUI->SetCheck(m_bSign2);
}
```

(11) 菜单项"标记 3"的响应函数如下:

```
void CMy8_7View::OnSign3()
{
```

```
        m_bSign3=!m_bSign3;
}
void CMy8_7View::OnUpdateSign3(CCmdUI * pCmdUI)
{
        pCmdUI->SetCheck(m_bSign3);
}
```

8-8　创建一个单文档界面应用程序,再创建一个新图标替换应用程序原来的图标。

答:

(1)用程序向导 MFC AppWizard 生成一个名称为 My8_8 的单文档界面应用程序框架。

(2)在 Workspace 窗口 ResourceView 选项卡中双击 IDR_MAINFRAME,打开图标资源编辑器,如图 8-5 所示。这时显示的是系统默认的图标。

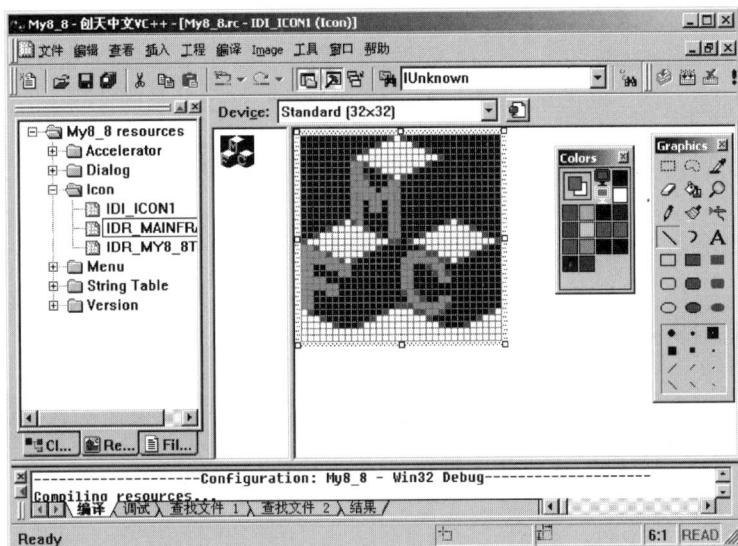

图 8-5　图标资源编辑器

(3)在 Workspace 窗口 ResourceView 选项卡中,右击 IDR_MAINFRAME,在打开的菜单中选中 Insert Icon 选项,这时在图标资源编辑器中显示一个空白图标,使用编辑器提供的绘图工具设计一个自己原创的图标,如图 8-6 所示。然后保存该资源文件。

(4)以文本方式打开资源文件,把原图标的资源文件:

```
IDR_MAINFRAME ICON DISCARDABLE "res\\My8_8.ico"
IDR_MY8_8TYPE ICON DISCARDABLE "res\\My8_8Doc.ico"
IDI_ICON1 ICON DISCARDABLE "res\\icon1.ico"
```

改为

```
IDR_MAINFRAME ICON DISCARDABLE "res\\icon1.ico"
IDR_MY8_8TYPE ICON DISCARDABLE "res\\My8_8Doc.ico"
IDI_ICON1 ICON DISCARDABLE "res\\icon1.ico"
```

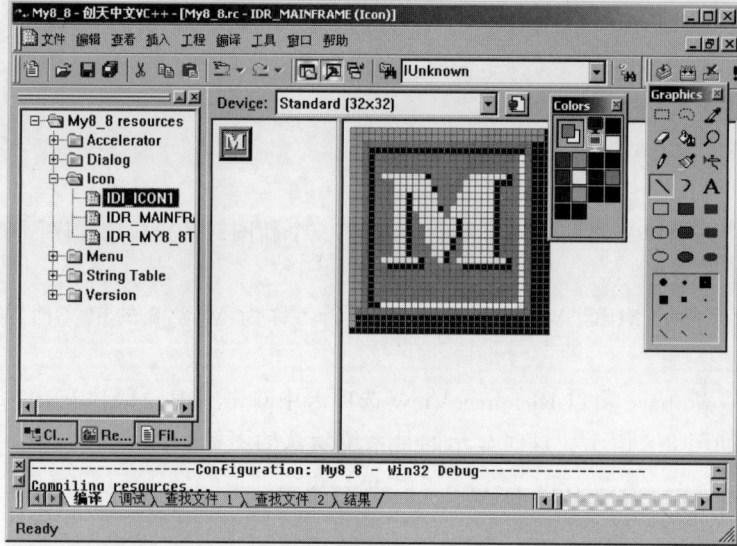

图 8-6　在图标资源编辑器上编辑自己的图标

（5）按 Ctrl＋F5 组合键、编译并运行程序，可以看到应用程序的图标已经变为自己的图标了。

8-9　为单文档程序添加一个"绘图"菜单项，在该项的子菜单中有"正方形""椭圆""三角形""平行四边形"等菜单选项。选中一个菜单项会在应用程序窗口的用户区中画出相应的图形，同时清除原有图形。

答：

（1）用 MFC AppWizard 创建一个名称为 My8_9 的单文档界面应用程序框架。

（2）在系统生成的程序主菜单上添加如下子菜单：

```
POPUP "绘图"
BEGIN
    MENUITEM "正方形", IDR_DRAW_1
    MENUITEM "椭圆", IDR_DRAW_2
    MENUITEM "三角形", IDR_DRAW_3
    MENUITEM "平行四边形",IDR_DRAW_4
END
```

（3）在视图类声明中定义一个成员变量：

```
public:
    int m_nSign;
```

（4）在视图类的 OnDraw() 函数中编写如下代码：

```
void My8_9View::OnDraw(CDC * pDC)
{
    CMFCexer8_9Doc * pDoc=GetDocument();
```

```
        ASSERT_VALID(pDoc);
        switch (m_nSign)
        {
            case 1:
                pDC->Rectangle(20,20,200,200);
                break;
            case 2:
                pDC->Ellipse(20,20,350,300);
                break;
            case 3:
                pDC->MoveTo(140,200);
                pDC->LineTo(300,200);
                pDC->LineTo(220,100);
                pDC->LineTo(140,200);
                break;
            case 4:
                pDC->MoveTo(150,150);
                pDC->LineTo(300,150);
                pDC->LineTo(250,300);
                pDC->LineTo(100,300);
                pDC->LineTo(150,150);
                break;
        }
}
```

（5）在视图类中添加如下菜单命令消息响应函数：

```
//"正方形"菜单项的消息响应函数
void CMy8_9View::OnDraw1()
{
    m_nSign=1;
    InvalidateRect(NULL,TRUE);
}
//"椭圆"菜单项的消息响应函数
void CMy8_9View::OnDraw2()
{
    m_nSign=2;
    InvalidateRect(NULL,TRUE);
}
//"三角形"菜单项的消息响应函数
void CMy8_9View::OnDraw3()
{
    m_nSign=3;
    InvalidateRect(NULL,TRUE);
}
```

```
//"平行四边形"菜单项的消息响应函数
void CMy8_9View::OnDraw4()
{
    m_nSign=4;
    InvalidateRect(NULL,TRUE);
}
```

（6）按 Ctrl＋F5 组合键编译并运行程序。

8-10　阅读 Visual C ++ 的帮助文档，了解一个名为 StretchBlt 的函数，该函数与 BitBlt()函数一样可以把内存中的位图显示在显示器的屏幕上，但它与 BitBlt()不同的是可以把位图拉伸或缩小。试用这个函数编制一个可以对位图放大和缩小的应用程序。

答：

（1）用 MFC AppWizard 创建一个名称为 My8_10 的单文档界面应用程序框架。

（2）用 Windows 附件提供的画图应用程序制作一个位图，把它命名为"位图"后存放在 My8_10 的资源文件夹 res 中。位图资源的文本文件为

```
IDB_BITMAP1 BITMAP DISCARDABLE "res\\位图.bmp"
```

在 Resource.h 头文件中的标识定义为

```
#define IDB_BITMAP1 130
```

（3）在应用程序的菜单中添加"缩放"子菜单，并在其中添加"放大""缩小""复原"3 个选项。其资源文本文件为

```
POPUP "缩放"
    BEGIN
        MENUITEM "放大",IDR_INCSIZE
        MENUITEM "缩小",IDR_DECSIZE
        MENUITEM "复原",IDR_RESIZE
    END
```

（4）在应用程序的文档类声明中定义位图对象等成员：

```
public:
    CBitmap m_Bitmap;          //位图对象
    int m_nWidth;              //存储位图宽的数据成员
    int m_nHeight;             //存储位图高的数据成员
```

（5）在文档类的构造函数中添入初始化代码：

```
BITMAP BM;
m_Bitmap.LoadBitmap(IDB_BITMAP1);
m_Bitmap.GetBitmap(&BM);
m_nWidth=BM.bmWidth;
m_nHeight=BM.bmHeight;
```

（6）在视图类声明中定义如下成员变量：

```
public:
    double m_dWrate,m_dHrate;
```

（7）在 3 个菜单选项中编写如下代码：

```
//"缩小"菜单项的消息响应函数
void CMy8_10View::OnDecsize()
{
    m_dWrate *=1.1;
    m_dHrate *=1.1;
    InvalidateRect(NULL);
}
//"放大"菜单项的消息响应函数
void CMy8_10View::OnIncsize()
{
    m_dWrate/=1.1;
    m_dHrate/=1.1;
    InvalidateRect(NULL);
}
//"复原"菜单项的消息响应函数
void CMy8_10View::OnResize()
{
    m_dWrate=1;
    m_dHrate=1;
    InvalidateRect(NULL);
}
```

（8）在视图类的 OnDraw()函数中显示位图：

```
void CMy8_10View::OnDraw(CDC * pDC)
{
    CMy8_10Doc * pDoc=GetDocument();
    ASSERT_VALID(pDoc);
    CDC MemDC;
    MemDC.CreateCompatibleDC(NULL);
    MemDC.SelectObject(pDoc->m_Bitmap);
    pDC->StretchBlt(0,0,pDoc->m_nWidth,pDoc->m_nHeight,&MemDC,0,0,pDoc->
        m_nWidth * m_dWrate,pDoc->m_nHeight * m_dHrate,SRCCOPY);
}
```

（9）按 Ctrl＋F5 组合键，编译并运行应用程序。

8.2 上 机 实 验

实验内容：

编写一个应用程序，在应用程序的菜单中有一个具有两个标题的选项：一个标题为

"显示图形";另一个标题为"隐藏图形",当其标题为"显示图形"时,用户选择了该菜单命令会在用户区显示一个圆形并且该菜单的标题会变为"隐藏图形"。当用户再选择该选项后在隐藏图形时会把菜单项的标题改为"显示图形"。

实验目的：

熟悉并理解可以动态修改菜单的 UI 函数。

实验步骤：

（1）用 MFC AppWizard 创建一个名称为 Show 的单文档界面应用程序框架。

（2）用菜单编辑器在 FILE 菜单中增加一个选项"隐藏图形"。其文本文件为

```
BEGIN
    POPUP "文件(&F)"
    BEGIN
        MENUITEM "新建(&N)\tCtrl+N",ID_FILE_NEW
        MENUITEM "打开(&O)...\tCtrl+O",ID_FILE_OPEN
        MENUITEM "保存(&S)\tCtrl+S",ID_FILE_SAVE
        MENUITEM "另存为(&A)...",ID_FILE_SAVE_AS
        MENUITEM SEPARATOR
        MENUITEM "显示图形",IDR_SHOW
        MENUITEM "最近文件",ID_FILE_MRU_FILE1, GRAYED
        MENUITEM SEPARATOR
        MENUITEM "退出(&X)",ID_APP_EXIT
    END
```

（3）用 Class Wizard 在视图类声明中定义成员：

```
public:
    CRect m_rectRound;
    BOOL m_bShow;
```

（4）在视图类的构造函数中初始化成员：

```
CShowView::CShowView():m_rectRound(0,0,0,0)
{
    m_bShow=FALSE;
}
```

（5）用 Class Wizard 在视图类中添加菜单命令消息响应函数并编写如下代码：

```
void CShowView::OnShow()
{
    if (m_bShow)
    {
        m_rectRound.left=0;
        m_rectRound.top=0,m_rectRound.right=0;
        m_rectRound.bottom=0;
        m_bShow=FALSE;
```

```
    }
    else
    {
        m_rectRound.left=5;
        m_rectRound.top=5,m_rectRound.right=200;
        m_rectRound.bottom=200;
        m_bShow=TRUE;
    }
    InvalidateRect(NULL);
}
```

（6）用 Class Wizard 在视图类中添加菜单 UI 消息响应函数并编写如下代码：

```
void CShowView∷OnUpdateShow(CCmdUI * pCmdUI)
{
    if (m_bShow)
    {
        pCmdUI->SetText("隐藏图形");
    }
    else
    {
        pCmdUI->SetText("显示图形");
    }
}
```

（7）在视图类的 OnDraw()函数中编写如下代码：

```
void CShowView∷OnDraw(CDC * pDC)
{
    CShowDoc * pDoc=GetDocument();
    ASSERT_VALID(pDoc);
    // TODO: add draw code for native data here
    pDC->Ellipse(m_rectRound);
}
```

第9章 MFC 的文件处理机制习题解答

9-1 设计一个应用程序,当单击窗口用户区时,可以用只写方式创建一个文件(要求用 CFile 类的成员函数 Open()),并向其中写入一个字符串。

答:用 MFC AppWizard 创建一个 Ex1 项目,在鼠标左键按下消息处理函数 OnLButtonDown()中加入如下代码:

```
void CEx1View::OnLButtonDown(UINT nFlags, CPoint point)
{
    // TODO: Add your message handler code here and/or call default
    TRY
    {
        CFile file;
        file.Open("MyFileNew.txt",CFile::modeCreate|CFile::modeReadWrite);
        file.Write("LLLLL", 5);
        file.Close();
    }
    CATCH( CFileException, e)
    {
        #ifdef _DEBUG
        afxDump <<"File could not be opened " <<e->m_cause <<"\n";
        #endif
    }
    END_CATCH
    CView::OnLButtonDown(nFlags, point);
}
```

9-2 设计一个应用程序,当用户单击窗口用户区时,可以创建一个内存文件,并向其中写入一个字符串。当右击窗口用户区时,可以从内存文件中得到文件中的字符串,并在信息框中显示它。

答:用 MFC AppWizard 创建一个 Ex2 工程,在 CEx2View 中定义一个内存文件对象:

```
class CEx2View : public CView
{
    protected:                      //create from serialization only
    ...
    CMemFile file;
}
```

在鼠标左键按下消息处理函数 OnLButtonDown()中加入如下代码:

```
void CEx2View::OnLButtonDown(UINT nFlags, CPoint point)
{
    // TODO: Add your message handler code here and/or call default
    LPCTSTR lpszString= "ABCDEFGHIJKLMN";            //要写入文件的数据
    file.Write(lpszString, lstrlen(lpszString));      //写入
    CView::OnLButtonDown(nFlags, point);
}
```

在鼠标右键按下消息处理函数 OnRButtonDown()中加入如下代码：

```
void CEx2View::OnRButtonDown(UINT nFlags, CPoint point)
{
    // TODO: Add your message handler code here and/or call default
    file.SeekToBegin();                  //把文件指针移动到文件开头
    TCHAR lpszBuf[255]={0};
    file.Read(lpszBuf, 255);             //读出
    //把读出的内容显示出来
    AfxMessageBox(lpszBuf);
    CView::OnRButtonDown(nFlags, point);
}
```

9-4 什么是序列化？什么是永久性对象？

答：序列化（又称串行化）一词由英文单词 serialize 而来，是面向对象程序设计中应对象这种数据的存储和恢复的要求而产生的一种文件读写机制。

具有序列化能力的对象称为永久性对象。

9-5 设计永久性类的时候必须使用哪两个宏？

答：宏 DECLARE_SERIAL 和 IMPLEMENT_SERIAL。

9-7 如何使类具有序列化能力？

答：类必须满足以下 3 个条件。

（1）从 CObject 类或其派生类派生，并重写 Serialize()函数。

（2）必须在类声明文件中使用序列化声明宏 DECLARE_SERIAL()，在类实现文件中使用序列化实现宏 IMPLEMENT_SERIAL()。

（3）必须定义一个无参数的构造函数，以满足动态创建对象的需要。

第 10 章 控件习题解答

10-1　简述在应用程序的窗口中使用控件的步骤。

答：首先在使用控件的类中声明控件，在合适的位置创建对象，然后向应用程序的消息映射中添加需要的消息，最后实现消息响应函数。

10-2　怎样才能使控件成为窗口的子窗口并且在窗口中可见？

答：为了使控件成为窗口的子窗口并且在窗口中可见，两个控制样式的常数是所有控件都必须使用的，一个是 WS_CHILD，另一个是 WS_VISIBLE，前者使控件成为应用程序窗口的子窗口，后者使控件可见。在使用多个常数指定控件样式时，应该用"|"将其进行连接。

10-3　为何在创建控件时一般都要传递 this 参数给 Create( )函数？

答：因为在一般的情况之下都是为某个窗口对象创建控件，所以必须调用 Create( )函数创建控件时，在控件的父窗口参数要用 this 作为参数。

10-4　标准控件和通用控件有什么不同？

答：主要区分是目标不同。标准控件在最早的 Windows 版本中就已经存在。通用控件是在后来的版本中添加进去的，目标是使用户界面看起来更加现代化。

标准控件发送的是 WM_COMMAND 消息，通用控件则是 WM_NOTIFY 消息。

10-5　控件的标识有什么用途？一般在应用程序的什么位置创建控件？

答：控件标识符的作用是用来区分应用程序中的不同控件的。一般情况下，创建控件的最佳位置在 OnCreate( )成员函数。

10-6　按钮控件能创建哪 3 种不同的形式？

答：下压按钮、复选框和单选按钮。

第 11 章 对话框习题解答及上机实验

11.1 习 题 解 答

11-1 什么是对话框模板资源文件?

答:用来描述对话框外观及对话框上控件布局的文本文件称为对话框模板资源文件。

11-2 用户定义的对话框类派生自哪个类?

答:CDialog。

11-3 通常在什么地方进行对话框的初始化?

答:通常在类 CDialog 的 OnInitDig() 成员函数中进行对话框的初始化。这个函数在对话框启动后,且还没有显示的时候被调用。

11-4 MFC 有哪些通用对话框类?

答:CFileDialog、CColorDialog、CFontDialog、CFindReplaceDialog、CPageSetupDialog 和 CPrintDialog。

11-5 Windows 有哪两类对话框? 它们的区别是什么?

答:模式对话框和非模式对话框。它们的区别为模式对话框直到退出对话框才返回应用程序,非模式对话框可以与应用程序同时工作。

11-6 编写一个可以完成计算器功能的基于对话框的应用程序,该应用程序具有"加""减""乘""除""求平方根""求倒数"的功能。

答:

(1) 用 MFC AppWizard 创建一个名称为 Calc 的基于对话框的应用程序框架。

(2) 在向导提供的默认对话框中删掉"取消"按钮和静态文本框,然后添加一个编辑框控件和 8 个按钮,其外观如图 11-1 所示。

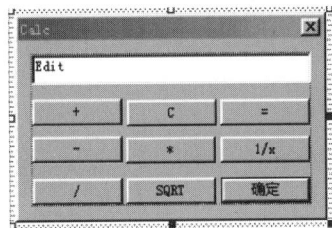

图 11-1 计算器的外观

(3) 定义对话框上各个控件的标识如下:

```
#define IDC_INPUT 1000          //编辑框控件
#define IDC_ADD 1001            //加法按钮
#define IDC_CLEAR 1002          //清除按钮
#define IDC_CALC 1003           //等号按钮
#define IDC_SUB 1004            //减法按钮
#define IDC_MUL 1005            //乘法按钮
#define IDC_RECIPROCAL 1006     //求倒数按钮
```

```
#define IDC_DIV 1007                    //除法按钮
#define IDC_SQRT 1008                   //求平方根按钮
```

（4）使用 ClassWizard 为编辑框控件 IDC_INPUT 添加一个关联数据成员：

```
double m_fInput;
```

（5）在 IDC_INPUT 编辑框控件的获得焦点消息响应函数中输入如下代码：

```
void CCalcDlg::OnSetfocusInput()
{
    m_fInput=0.0;
    UpdateData(FALSE);
}
```

（6）在对话框类的声明文件中定义两个数据成员：

```
int m_nOperator;                      //运算符的代号
double m_fResult;                     //中间计算结果
```

（7）在对话框类的 OnInitDialog()中初始化数据成员：

```
m_nOperator=0;
m_fResult=0.0;
```

（8）在对话框类中定义一个成员函数 Calc()。

```
void CCalcDlg::Calc()
{
    UpdateData(TRUE);
    switch(m_nOperator)
    {
        case 0:
            m_fResult=m_fInput;
            break;
        case 1:
            m_fResult+=m_fInput;
            break;
        case 2:
            m_fResult-=m_fInput;
            break;
        case 3:
            m_fResult * =m_fInput;
            break;
        case 4:
            m_fResult/=m_fInput;
            break;
        case 5:
            m_fResult=1/m_fInput;
```

```
            break;
        case 6:
            m_fResult=sqrt(m_fInput);
            break;
    }
    m_fInput=m_fResult;
    UpdateData(FALSE);
}
```

（9）对各个按钮的单击消息响应函数编写代码：

```
void CCalcDlg::OnAdd()
{
    Calc();
    m_nOperator=1;
}


void CCalcDlg::OnSub()
{
    Calc();
    m_nOperator=2;
}


void CCalcDlg::OnMul()
{
    Calc();
    m_nOperator=3;
}


void CCalcDlg::OnDiv()
{
    Calc();
    m_nOperator=4;
}


void CCalcDlg::OnReciprocal()
{
    m_nOperator=5;
    Calc();
    m_nOperator=0;
}


void CCalcDlg::OnSqrt()
{
    m_nOperator=6;
```

```
    Calc();
    m_nOperator=0;
}


void CCalcDlg::OnClear()
{
    m_fResult=0.0;
    m_fInput=0.0;
    m_nOperator=0;
    UpdateData(FALSE);
}

void CCalcDlg::OnCalc()
{
    Calc();
    m_nOperator=0;
}
```

11-7 编写一个通过菜单命令调用颜色选择对话框改变图形填充色的应用程序。

答：

（1）用 MFC AppWizard 创建一个名称为 CClrDlg 的单文档界面应用程序框架。

（2）在文档类声明中声明两个成员变量：

```
public:
    COLORREF m_colorRuond;          //圆的直径
    int m_nDiameter;                //存放颜色值
```

（3）在文档类的构造函数中初始化成员变量：

```
m_nDiameter=200;
m_colorRuond=RGB(200,200,200);
```

（4）在视图类的 OnDraw() 函数中编写如下代码：

```
void CClrDlgView::OnDraw(CDC * pDC)
{
    CClrDlgDoc * pDoc=GetDocument();
    ASSERT_VALID(pDoc);
    // TODO: add draw code for native data here
    CBrush br;
    br.CreateSolidBrush(pDoc->m_colorRuond);
    CBrush * pOldBr;
    pOldBr=pDC->SelectObject(&br);
    pDC->Ellipse(20,20,pDoc->m_nDiameter+20,pDoc->m_nDiameter+20);
    pDC->SelectObject(pOldBr);
}
```

（5）在菜单中添加一个菜单选项，即菜单资源文本文件为

```
IDR_MAINFRAME MENU PRELOAD DISCARDABLE
BEGIN
    POPUP "文件(&F)"
    BEGIN
        MENUITEM "新建(&N)\tCtrl+N",ID_FILE_NEW
        MENUITEM "打开(&O)...\tCtrl+O",ID_FILE_OPEN
        MENUITEM "保存(&S)\tCtrl+S",ID_FILE_SAVE
        MENUITEM "另存为(&A)...",ID_FILE_SAVE_AS
        MENUITEM SEPARATOR
        MENUITEM "最近文件",ID_FILE_MRU_FILE1, GRAYED
        MENUITEM SEPARATOR
        MENUITEM "退出(&X)",ID_APP_EXIT
    END
    POPUP "编辑(&E)"
    BEGIN
        MENUITEM "撤销(&U)\tCtrl+Z",ID_EDIT_UNDO
        MENUITEM SEPARATOR
        MENUITEM "剪切(&T)\tCtrl+X",ID_EDIT_CUT
        MENUITEM "复制(&C)\tCtrl+C",ID_EDIT_COPY
        MENUITEM "粘贴(&P)\tCtrl+V",ID_EDIT_PASTE
    END
    POPUP "颜色"
    BEGIN
        MENUITEM "选择颜色...",IDR_COLOR
    END
    POPUP "帮助(&H)"
    BEGIN
        MENUITEM "关于ClrDlg(&A)...",ID_APP_ABOUT
    END
END
```

（6）在视图类中添加的菜单命令消息响应函数 OnColor() 中编写如下代码：

```
void CClrDlgView::OnColor()
{
    CClrDlgDoc * pDoc=GetDocument();
    CColorDialog dlg(pDoc->m_colorRuond);
    if (dlg.DoModal()==IDOK)
        pDoc->m_colorRuond=dlg.GetColor();
    InvalidateRect(NULL);
}
```

（7）按 Ctrl＋F5 组合键，编译并运行程序：

11.2 上机实验

实验内容：

对话框和控件的使用。

实验目的：

对话框和控件的综合应用。

实验步骤：

(1) 用 MFC AppWizard 创建一个名称为 Emp 的单文档应用程序框架。

(2) 修改应用程序的菜单，在其中添加两项，菜单的文本文件为

```
IDR_MAINFRAME MENU PRELOAD DISCARDABLE
BEGIN
    POPUP "文件(&F)"
    BEGIN
        MENUITEM "新建(&N)\tCtrl+N",ID_FILE_NEW
        MENUITEM "打开(&O)...\tCtrl+O",ID_FILE_OPEN
        MENUITEM "保存(&S)\tCtrl+S",ID_FILE_SAVE
        MENUITEM "另存为(&A)...",ID_FILE_SAVE_AS
        MENUITEM SEPARATOR
        MENUITEM "最近文件",ID_FILE_MRU_FILE1, GRAYED
        MENUITEM SEPARATOR
        MENUITEM "退出(&X)",ID_APP_EXIT
    END
    POPUP "编辑(&E)"
    BEGIN
        MENUITEM "撤销(&U)\tCtrl+Z",ID_EDIT_UNDO
        MENUITEM SEPARATOR
        MENUITEM "剪切(&T)\tCtrl+X",ID_EDIT_CUT
        MENUITEM "复制(&C)\tCtrl+C",ID_EDIT_COPY
        MENUITEM "粘贴(&P)\tCtrl+V",ID_EDIT_PASTE
    END
    POPUP "人事档案操作"
    BEGIN
        MENUITEM "输入个人资料",IDR_INPUTDOC
        MENUITEM "读取个人资料",IDR_OUTPUTDOC
    END
    POPUP "帮助(&H)"
    BEGIN
        MENUITEM "关于 Emp(&A)...",ID_APP_ABOUT
    END
END
```

（3）创建一个外观如图 11-2 所示的对话框资源文件。

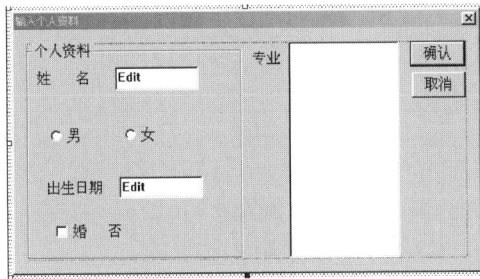

图 11-2 对话框的外观

（4）以如图 11-2 所示的对话框资源为资源派生对话框类 InputDocDlg，并在类中定义与对话框上各个控件相关联的成员变量，如图 11-3 所示。

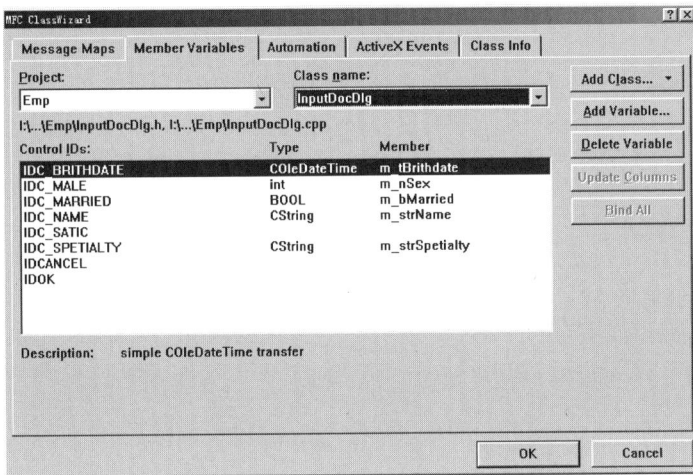

图 11-3 定义与各个控件相关联的成员变量

（5）用 ClassWizard 给对话框类 InputDocDlg 添加虚函数 OnInitDialog()，并在函数中编写如下代码初始化列表控件：

```
BOOL InputDocDlg::OnInitDialog()
{
    CListBox * pListBox=(CListBox * )GetDlgItem(IDC_SPETIALTY);
    pListBox->InsertString(-1,"计算机硬件");
    pListBox->InsertString(-1,"计算机软件");
    pListBox->InsertString(-1,"计算机网络");
    pListBox->InsertString(-1,"计算机教育");
    pListBox->InsertString(-1,"自动化");
    pListBox->InsertString(-1,"仪器与仪表");
    pListBox->InsertString(-1,"机械制造");
    pListBox->InsertString(-1,"工业设计");
    pListBox->InsertString(-1,"信息与系统");
```

```cpp
        pListBox->InsertString(-1,"电器");
        pListBox->InsertString(-1,"电气传动");
        pListBox->InsertString(-1,"金属冶炼");
        pListBox->InsertString(-1,"矿山机械");
        pListBox->InsertString(-1,"有色冶金");
        pListBox->InsertString(-1,"金属加工");
        pListBox->InsertString(-1,"成型技术");
        pListBox->InsertString(-1,"工民建");
        pListBox->InsertString(-1,"道路与桥梁");
        return CDialog::OnInitDialog();
}
```

（6）用 ClassWizard 以 CObject 为基类派生一个 CStudent 类：

```cpp
//CStudent 类的声明文件
class CStudent : public CObject
{
        DECLARE_SERIAL(CStudent)
public:
        CStudent();
        virtual~CStudent();
public:
        virtual void Serialize(CArchive&ar);
        CString m_strName;
        int m_nSex;
        COleDateTime m_tBrithdate;
        BOOL m_bMarried;
        CString m_strSpetialty;
        CStudent&operator=(CStudent&stu);
};
//CStudent 类的实现文件
IMPLEMENT_SERIAL(CStudent,CObject,1)
CStudent::CStudent()
{

}


CStudent::~CStudent()
{

}


void CStudent::Serialize(CArchive &ar)
{
        CObject::Serialize(ar);
```

```
    if (ar.IsStoring())
    {
        ar<<m_strName;
        ar<<m_nSex;
        ar<<m_tBrithdate;
        ar<<m_bMarried;
        ar<<m_strSpetialty;
    }
    else
    {
        ar>>m_strSpetialty;
        ar>>m_bMarried;
        ar>>m_tBrithdate;
        ar>>m_nSex;
        ar>>m_strName;
    }
}
CStudent&CStudent::operator=(CStudent&stu)
{
    m_strSpetialty=stu.m_strSpetialty;
    m_bMarried=stu.m_bMarried;
    m_tBrithdate=stu.m_tBrithdate;
    m_nSex=stu.m_nSex;
    m_strName=stu.m_strName;
    return stu;
}
```

（7）在应用程序的文档类声明文件中包含 Student.h 头文件后,再定义一个
CStudent 类的数组和一个成员变量:

```
public:
    int m_nCount;
    CStudent m_stuList[250];
```

（8）在应用程序的文档类实现文件中的 Serialize()函数中编写如下代码:

```
void CEmpDoc::Serialize(CArchive& ar)
{
    if (ar.IsStoring())
    {
        // TODO: add storing code here
        ar<<m_nCount;
    }
    else
    {
        // TODO: add loading code here
```

```
        ar>>m_nCount;
    }
    for (int i=0;i<m_nCount;i++)
        m_stuList[i].Serialize(ar);
}
```

（9）用 ClassWizard 在应用程序的视图类中添加菜单命令 IDR_INPUTDOC 的消息
响应函数 OnInputdoc()函数中编写如下代码：

```
void CEmpView∷OnInputdoc()
{
    CEmpDoc * pDoc=GetDocument();
    InputDocDlg dlg;
    if (dlg.DoModal()==IDOK)
    {
        pDoc->m_stuList[pDoc->m_nCount].m_bMarried=dlg.m_bMarried;
        pDoc->m_stuList[pDoc->m_nCount].m_nSex=dlg.m_nSex;
        pDoc->m_stuList[pDoc->m_nCount].m_strName=dlg.m_strName;
        pDoc->m_stuList[pDoc->m_nCount].m_strSpetialty=dlg.m_strSpetialty;
        pDoc->m_stuList[pDoc->m_nCount].m_tBrithdate=dlg.m_tBrithdate;
        pDoc->m_nCount++;
        pDoc->SetModifiedFlag();
    }
}
```

（10）编译并运行程序。

（11）在 OnInputdoc()函数的代码行

```
pDoc->SetModifiedFlag();
```

设置断点观察程序运行的中间结果。

（12）试编写可以在窗口用户区显示个人信息的代码。

（13）试自行给本程序增加功能使之更加完善。

第 12 章 进程与线程的
管理习题解答

12-1 什么是进程和线程?

答:进程就是应用程序的一个运行实例,进程可以进一步分为线程。CPU 是以线程为最小执行单元来完成程序的运行的,进程可以看作"微进程"。每个进程都有自己的私有的虚拟地址空间,同时至少包含一个线程。在 Windows 操作系统中,CPU 分时来执行线程。

12-2 什么是进程和线程的优先级?

答:在 Windows 操作系统中,线程是以抢占的方式来使用 CPU 的,那么当同一时刻有多个线程申请 CPU 时,就存在一个 CPU 响应哪个线程的问题。为此,Windows 允许在创建线程时,可以赋予线程一个优先级,用来确定它们在所有线程中的优先顺序,以使 CPU 可以判断究竟执行哪个线程。

12-3 工作线程和用户界面线程有什么区别?

答:工作线程和用户界面线程的区别在于线程在运行时是否具有界面。工作线程往往是一个执行函数,没有自己的界面和消息循环,而用户界面线程则拥有独立的用户界面和消息循环。

12-4 怎样创建工作线程?

答:在应用程序中创建工作线程的方法有以下两种。

(1) 用全局函数 AfxBeginThread() 来创建工作线程。

(2) 用全局函数 CreateThread() 来创建工作线程。

12-5 什么是线程同步?

答:保证多个线程之间能够协调工作的技术称为线程同步。线程同步常常是为了避免多个线程同时进行某些相互有冲突的操作。

12-6 MFC 提供的同步对象有哪几种?

答:有事件(event)、临界段(critical section)、互斥量(mutexe)和信号量(semaphore) 4 种。

事件用于线程间传递信号,临界段和互斥量则控制在某一时刻只准许一个线程访问共享资源,信号量控制访问共享资源线程的数目。

12-7 手动事件对象和自动事件对象有什么区别?

答:如果传递给构造函数的第二个参数为 TRUE,则创建的对象为手动事件对象;否则为自动事件对象。自动事件对象能够在使用后自动地把自己设置为非信号状态,而手动事件对象必须调用 CEvent::ResetEvent() 函数才能恢复到非信号状态。

12-8 临界段和互斥量有什么区别?

答：临界段和互斥量都是控制某一时刻只准许一个线程访问共享资源，但临界段只能用于同一进程内线程间通信；而互斥量则可以用于不同进程间线程通信。

12-9　互斥量和信号量有什么区别？

答：互斥量和信号量都可以用于不同进程间的线程通信，但互斥量某一时刻只准许一个线程访问共享资源；信号量则准许某一时刻有多个线程访问共享资源。

第 13 章　动态连接库及其使用习题解答

13-1　DLL 的特点是什么？

答：DLL 是一种磁盘文件（通常带有 .dll 扩展名），它由全局数据、可导出函数和资源组成。

它是公用的，任何 Windows 应用程序都可以调用它。

它是动态连接的，平时它驻留在计算机的硬盘中，只有当某应用程序确实要调用这些 DLL 模块的情况下，系统才会将它们从磁盘上装载到内存空间中，而且当发现没有应用程序再使用它时，它会自动从内存卸载。

13-2　为什么要创建 DLL？

答：由于 DLL 中的服务允许多个 Windows 应用程序共用，因此可以减少每个应用程序可执行文件的大小。

在需要时，可以单独更新和修改 DLL 中的功能模块，而不必更新应用程序的可执行文件。

由于 DLL 与应用程序是动态连接的，而且在应用程序不使用它时，它是驻留在磁盘中的，所以可以节省内存。

13-3　调用 DLL 函数的方法是什么？

答：将动态连接库的头文件包含到自己的工程中，并且将动态连接库的静态连接库文件复制到当前工程中，同时将动态连接库放入可执行文件的路径中（显示连接）。在程序中调用方法同 C++ 中函数或者类的调用方法一样。

13-4　MFC 支持哪两种形式的 DLL？

答：常规型的 DLL 和扩展型的 DLL。

13-5　何时必须重新编译使用 DLL 的应用程序？

答：当修改了任何导出函数的调用方式时必须重新编译使用动态连接库的应用程序。例如，在修改、增加或删除了这些函数的任何参数后，凡是使用了这个动态连接库的应用程序都必须进行重新编译。如果使用的是 MFC 扩展 DLL，在导出类的公共接口发生改变或者一个新的函数或变量被增加或删除时，也需要重新编译使用该 DLL 的应用程序。

13-6　在 DLL 中，为了把 MFC 类或其派生类作为导出类，在声明类时要使用哪个宏？

答：在要导出的类名前面使用 AFX_EXT_CLASS 宏。

13-7　应用程序中的导入函数与 DLL 文件中的导出函数进行链接有几种方式？各有什么特点？

答：隐式连接和显式连接。在需要用隐式连接方式使用 DLL 时，要把 .lib 文件作为 DLL 的替代文件编译到应用程序项目中。用显式连接方式来使用 DLL，程序员就不必再使用导入文件.lib，而是在程序中显式地调用 API 函数来完成 DLL 函数的调用。

13-8　简述用显式链接方式来使用 DLL 的步骤。

答：

（1）获得 DLL 库：

```
HINSTANCE LoadLibrary(LPCTSTR lpLibFileName);
```

（2）获得 DLL 函数：

```
FARPROC GetProcAddress
(
    HMODULE hModule,            //DLL 的句柄
    LPCSTR lpProcName           //导入函数的名称
);
```

（3）使用 DLL 函数。

（4）释放 DLL 库：

```
BOOL FreeLibrary( HMODULE hLibModule);
```

第 14 章　组件对象模型
基础习题解答

14-1　划分软件模块的原则是什么？

答：软件模块应该是一个功能独立且相对稳定，并且其代码具有重要意义的软件部件。

14-2　什么是组件、COM 和组件对象？

答：组件（component）是按照 COM 规范设计的一种软件部件，用它们可以组成大规模的应用软件。

COM 是关于如何建立组件及如何通过组件建立应用程序的一个规范。

一般情况下，组件是用类来实现的，那么这个类的对象就称为组件对象。

14-3　什么是组件接口？其作用是什么？

答：从客户的角度来看，组件的接口就是暴露在组件外部，从而使客户可以访问的方法；从组件实现的角度来看，接口是一组功能相关的函数的集合。

14-4　COM 最基本的接口是什么？

答：COM 的最基本接口是 IUnknown。它有 QueryInterface( )、AddRef( )和 Release( )这 3 个纯虚函数。

14-5　组件对象是怎样控制自身生存期的？

答：在组件中设置一个计数器，当客户程序在引用组件对象时，就调用 AddRef( )函数把计数器的值加 1，而该客户程序不再引用该组件对象时，就调用 Release( )函数把计数器的值减 1，以记录是否还有客户在使用组件，当计数器的值为 0 时就意味着已经没有应用程序在使用它了，于是就调用 Release( )函数来销毁组件对象。

第 15 章　ActiveX 应用基础习题解答

15-1　复合文档与普通文档有什么区别？

答：普通文档只包含本文档程序可以处理的数据，而复合文档则是多种文档对象的集合，在这种文档对象中的数据，有些是可以被本文档程序处理的，而有些数据则必须调用其他文档服务器来处理。

15-2　OLE 技术中对象链接和嵌入有什么区别？

答：链接是以引用方式来使用外部对象的，类似于 C 语言中的指针，即在本地只有一个占位指针，数据对象仍然在服务器方；嵌入则是把数据对象传递过来保存在本地。

15-3　什么是 ActiveX 容器及 ActiveX 服务器？

答：可以保存链接或嵌入的数据对象的应用程序称为 ActiveX 容器，而可以提供可链接或嵌入数据对象的应用程序称为 ActiveX 服务器。

15-4　ActiveX 自动化应用程序有什么特点？

答：ActiveX 自动化应用程序的最大特点是一个 ActiveX 自动化应用程序可以深入另一个 ActiveX 自动化应用程序的内部来操作或控制它所提供的自动化服务组件。

15-5　什么是 ActiveX 控件？

答：ActiveX 控件是一种可编程组件，它实质上是可以嵌入其他应用程序中运行的微型应用程序。

15-6　什么是 ActiveX 文档？

答：ActiveX 文档是一个既包含数据，又包含管理这个数据所需工具的文档包。

15-7　略。

15-8　为什么进程内服务器不能单独运行？

答：因为进程内服务器被封装为动态链接库，因此它只能在使用其客户程序的进程空间内运行。

第 16 章 用 MFC 设计数据库应用程序习题解答

16-1 简述数据库系统的组成。

答：数据库系统一般由数据库、数据库管理系统、数据库应用系统 3 部分组成。

16-2 MFC 支持哪几种数据库连接？

答：MFC 支持两种数据库连接，一种基于 ODBC，另一种基于 DAO。

16-3 试总结 DAO 与 ODBC 的相同之处。

答：MFC 为 DAO 与 ODBC 提供了相似的 MFC 类，如表 16-1 所示。

表 16-1 DAO 和 ODBC 的 MFC 表

DAO	ODBC
CDaoDatabase	CDatabase
CDaoRecordset	CRecordset
CDaoRecordview	CRecordview
CDaoException	CException

它们都能处理 ODBC 数据源。

16-4 试总结 DAO 与 ODBC 的不相同之处。

答：DAO 与 ODBC 的主要不同之处如下。

（1）记录集的默认类型不同，DAO 默认的是动态集，而 ODBC 默认的是快照。

（2）处理异常方式不同。

（3）数据交换方式不同。

（4）DAO 还可以直接访问一些基于 Jet 引擎的数据库。

（5）DAO 直接支持 SQL，而 ODBC 不能，它只能通过调用其 API 来完成一些相似的功能。

第 17 章　异常和异常处理习题解答

17-1　什么是异常？为什么要进行异常处理？

答：异常是程序在运行过程中，由使用环境的变化及用户的操作而产生的错误。例如，内存空间已经不足，但这时应用程序却提出了内存分配请求，这时就会引发异常；又如，应用程序要求打开硬盘上的某个文件，但是该文件在硬盘上已经不存在，这时也会引发异常；再如，程序中出现了以 0 为除数的错误、上网时调制解调器掉线等。对这些错误，如果应用程序不能进行适当的处理，将会使程序变得非常脆弱，甚至使应用程序不可使用。凡此种种可以预料的错误，都应该在程序设计时，编制相应的预防代码或处理代码，以防止异常发生后造成严重的后果。

总之，一个应用程序，不仅要保证它的正确性，而且应该具有容错能力。也就是说，一个应用程序，不仅在正确的应用环境下，在用户正确操作时，要运行正常、正确，并且在应用环境出现意外或用户操作不当时，程序也应该有合理的反应。

17-2　说明 try 语句块与 catch 语句块的作用，throw 语句应该在程序的什么地方使用？

答：try 语句块为被监视的程序段，catch 语句块则为捕获异常并对其进行处理的程序段。

throw 语句应用在 try 语句块中。

17-3　C++ 是用什么信息来区分不同的异常的？

答：C++ 以不同的数据类型来区分不同的异常。

17-4　简述异常的处理过程。

答：如果在 try 语句块的程序段中（包括在其中调用的函数）出现了异常，并且发现异常的函数抛出了该异常，那么这个异常就被 try 语句块后的某一个 catch 语句块所捕获并处理，处理的条件是被抛出的异常的类型与 catch 语句的异常类型相匹配。

17-5　什么是异常对象？它起什么作用？

答：throw 中的表达式称为异常对象，在 C++ 中它通常是一个类的对象，该对象中应该包含异常事件中的状态和处理事件的相关方法。

17-6　略。

第 18 章　.NET 和 C♯ 习题解答和阅读材料

18.1　习 题 解 答

18-1～18-6　略。

18-7　试编写一个可以输出字符串"Hello .NET"的程序。

答：

(1) 编写代码。程序代码如下：

```
class MyFirstApp
{
    static void Main()
    {
        System.Console.WriteLine ("Hello .NET");
    }
}
```

(2) 程序说明。程序定义了一个名称为 MyFirstApp 的类，该类中只有一个方法 Main()，并在该方法中调用了系统的 System.Console.WriteLine ()方法。

其中，Main()方法就是一个 C♯ 程序的入口方法，该方法必须为静态方法，而且方法名的首字符必须为大写。该方法通常不需要返回值，故本例中返回类型为 void。根据需要，该方法可以有参数也可以没有参数，本例没有参数。

本例 Main()方法调用的 System.Console.WriteLine()为.NET 运行库提供的一个预设方法，其作用就是把参数中的字符串输出到显示器。

(3) 编辑程序。可以使用任意一种文本编辑器来编译 C♯ 代码，本例使用了 Windows 提供的 VS Code 编译器书写和编辑本程序。

(4) 编译程序。当源程序编辑完毕之后须将其保存成扩展名为.cs 的文件，至于文件名则由用户根据需要来命名。本例的文件名为 xiti18_7.cs。

如果计算机上已安装了.NET 或.NET Framework SDK，那么就可以进行程序的编译了。具体做法如下。

首先，在 Windows 的"开始"菜单中选中"程序"|Microsoft .NET Framework SDK|"SDK 命令提示"选项，打开命令行窗口，然后进入本程序所在目录，最后在提示符后面输入如下命令编译程序：

```
csc xiti18_7.cs
```

其中,csc 便是 C♯的编译命令,命令后面则为被编译文件的文件名。

程序编译成功后便会在当前目录下生成可执行文件 xiti18_7.exe。程序执行结果如图 18-1 所示。

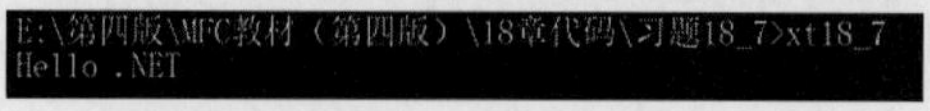

```
E:\第四版\MFC教材（第四版）\18章代码\习题18_7>xt18_7
Hello .NET
```

图 18-1　习题 18-7 程序运行结果

18-8　设计 3 个源文件,每个源文件都有一个类,其中一个带有程序入口。试做如下工作。

(1) 把没有入口的两个文件编译成模块,然后将这两个模块加入有入口的代码编译成一个.exe 程序集。

(2) 只把一个没有入口的文件编译成模块,然后将其加入另一个没有入口的代码中编译成.dll 程序集,最后用有入口的代码引用上述.dll 程序集编译成.exe 程序集。

答:3 个源文件代码为

```csharp
/////Sample_1.cs 代码
using System;
namespace Dll_Prom1
{
    public class Thisis_A
    {
        public Thisis_A()  { }
        public void Display()
        {
            Console.WriteLine("This is Dll_1!");
        }
    }
}
////Sample_2.cs 代码
using System;
namespace Dll_Prom2
{
    public class Thisis_B
    {
        public Thisis_B()  { }
        public void Display()
        {
            Console.WriteLine("This is Dll_2!");
        }
    }
}
////Sample.cs 代码
using System;
```

```
using Dll_Prom1;
using Dll_Prom2;
namespace MyProm
{
    public class Hello
    {
        public Hello()   { }
        public static void  Main()
        {
            Thisis_A dll_promA=new Thisis_A();
            dll_promA.Display();
            Thisis_B dll_promB=new Thisis_B();
            dll_promB.Display();
            Console.WriteLine("hello world!");
            Console.Read();
        }
    }
}
```

工作(1)：使用命令

```
csc /t:module Sample_1.cs
csc /t:module Sample_2.cs
```

将 Sample_1.cs 和 Sample_2.cs 分别编译为模块。成功后在文件夹中会多出两个模块文件 Sample_1.netmodule 和 Sample_2.netmodule。

然后用命令

```
csc /out: Sample. exe /addmodule: Sample _ 1. netmodule; Sample _ 2. netmodule
Sample.cs
```

将两个模块加入 Sample.cs 编译成.exe 文件集。

工作(2)：用命令

```
csc /t:library /addmodule:Sample_2.netmodule Sample_1.cs
```

将模块 2 加入模块 1 编译成.dll 程序集。然后用命令

```
csc /out:Sample.exe /r:Sample_1.dll Sample.cs
```

令 Sample 引用上面编译成功的.dll 程序集编译成.exe 程序集。

18-9　把习题 18-8 中的两个没有入口文件都编译成.dll 程序集，然后再用有入口的文件引用上面编译成功的两个.dll 程序编译一个.exe 程序集。

答：编译两个.dll 程序集的命令为

```
csc /t:library Sample_1.cs
csc /t:library Sample_2.cs
```

引用上述两个.dll 程序集编译.exe 程序集的命令为

```
csc /out:Sam.exe /R:Sample_1.dll;Sample_2.dll Sample.cs
```

程序运行结果如图 18-2 所示。

```
2020/09/21  22:32              4,096 Sam.exe
2020/09/21  21:25                485 Sample.cs
2020/09/21  21:18                259 Sample_1.cs
2020/09/21  22:30              3,072 Sample_1.dll
2020/09/21  21:18                300 Sample_2.cs
2020/09/21  22:30              3,072 Sample_2.dll
               6 个文件         11,284 字节
               3 个目录 331,956,625,408 可用字节
```

图 18-2　习题 18-9 程序运行结果

18-10　使用命令 ILDasm 对习题 18-9 中的程序集进行反编译并观察各个程序集的清单。

答：仅以用两个库程序集（.dll）和一个 Sample.cs 组成的程序集为例说明使用 ILDasm.exe 的方法。

（1）在命令行窗口输入 ILDasm 命令，则该应用程序被打开并呈现如图 18-3 所示窗口。

（2）选中"文件"菜单后，再选择要反编译的文件，随后会出现反编译后结果的窗口，如图 18-4 所示。

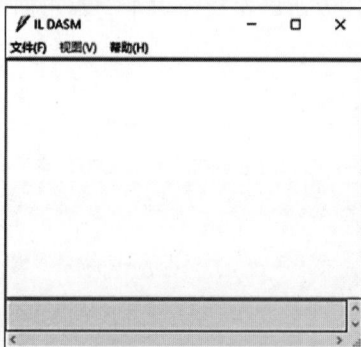

图 18-3　窗口

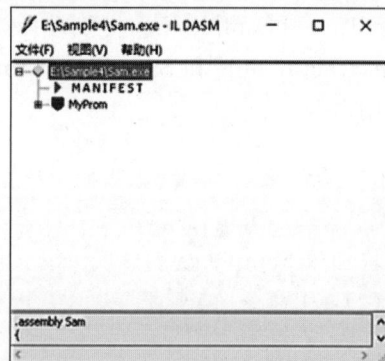

图 18-4　窗口

（3）打开 MANIFEST 选项，呈现出的便是程序集的清单，如图 18-5 所示。

18-11　略。

18-12　试编写一个程序，在程序中声明一个带有默认构造方法和普通带参构造方法的类，然后在主方法中用这两种构造方法定义该类的对象并输出结果。

答：

（1）编写代码。程序代码如下：

```
using System;
```

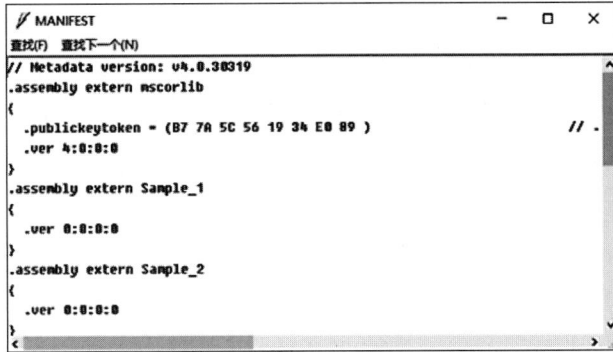

图 18-5　窗口

```
namespace xiti18_12
{
    class Child
    {
        private int age;
        private string name;
        //默认构造方法
        public Child()
        {
            name="Lee";
        }
        //构造方法
        public Child(string name, int age)
        {
            this.name=name;
            this.age=age;
        }
        //打印方法
        public void PrintChild()
        {
            Console.WriteLine("{0}, {1} years old.", name, age);
        }
    }
    //测试程序
    class Test
    {
        static void Main()
        {
            //使用构造方法创建对象
            Child child1=new Child("Craig", 11);
            Child child2=new Child("Sally", 10);
```

```
        //使用默认构造方法创建对象
        Child child3 = new Child();
        //在控制台输出结果
        Console.Write("Child #1: ");
        child1.PrintChild();
        Console.Write("Child #2: ");
        child2.PrintChild();
        Console.Write("Child #3: ");
        child3.PrintChild();
        }
    }
}
```

（2）程序运行结果。程序运行结果如图 18-6 所示。

```
E:\第 4 版\MFC教材（第 4 版）\18章代码\习题18_12>xt18_12
Child #1: Craig, 11 years old.
Child #2: Sally, 10 years old.
Child #3: Lee, 0 years old.
```

图 18-6　习题 18-12 程序运行结果

18-13～18-16　略。

18-17　试编写一个能把一个原生类型数据装箱的程序。

答：

（1）编写代码。程序代码如下：

```
using System;
namespace xiti18_17
{
    class Test
    {
        static void Main(string[] args)
        {
            int i=10;
            Object obj=i;                          //装箱
            Console.WriteLine("i已被装箱");
            Console.WriteLine("i={0}", i);         //输出变量 i 的数值
            //输出 obj 的字符表示
            Console.WriteLine("obj={0}", obj);
            i = 20;                                //修改变量 i
            Console.WriteLine("i={0}", i);         //输出变量 i 的数值
            //输出 obj 的字符表示
            Console.WriteLine("obj={0}", obj);
        }
    }
}
```

(2) 程序运行结果。程序运行结果如图 18-7 所示。

```
E:\第4版\MFC教材（第4版）\18章代码\习题18_17>xiti18_17
i已被装箱
i=10
obj =10
i=20
obj=10
```

图 18-7　习题 18-17 程序运行结果

可见，i 和装箱后的 obj 各自都是独立的，它们之间没有任何联系。也就是说，装箱是对值的装箱，并不是对变量的装箱。

18-18　试编写一个程序把已装箱的整型数据在拆箱后存入整型变量。

答：

(1)编写代码。程序代码如下：

```
using System;
namespace xiti18_18
{
    class Test
    {
        static void Main(string[] args)
        {
            int i=10;
            Object obj=i;                        //装箱
            Console.WriteLine("i已被装箱");
            Console.WriteLine($"i={i}");
            Console.WriteLine($"obj.ToString={obj.ToString()}");
            i=20;                               //修改 i
            Console.WriteLine($"i={i}");
            Console.WriteLine($"obj.ToString={obj.ToString()}");
            int j=(int)obj;                     //拆箱
            Console.WriteLine($"j={j}");
        }
    }
}
```

注意，本程序的输出使用了一种新的格式。

(2) 程序运行结果。程序运行结果如图 18-8 所示。

```
E:\第4版\MFC教材（第4版）\18章代码\习题18_18>xiti18_18
i已被装箱
i=10
obj.ToString=10
i=20
obj.ToString=10
j=10
```

图 18-8　习题 18-18 程序运行结果

18-19　试编写一个程序，在其中声明一个带有静态方法和静态构造方法的类。

答：

(1) 编写代码。程序代码如下：

```
using System;
namespace xiti18_19
{
    class Test
    {
        static Test()
        {
            Console.WriteLine("这是静态构造方法");
        }
        public static void Print()
        {
            Console.WriteLine("这是普通静态方法");
        }
    }
    /*主类*/
    class Program
    {
        static void Main(string[] args)
        {
            Test.Print();
        }
    }
}
```

(2) 程序运行结果。程序运行结果如图 18-9 所示。

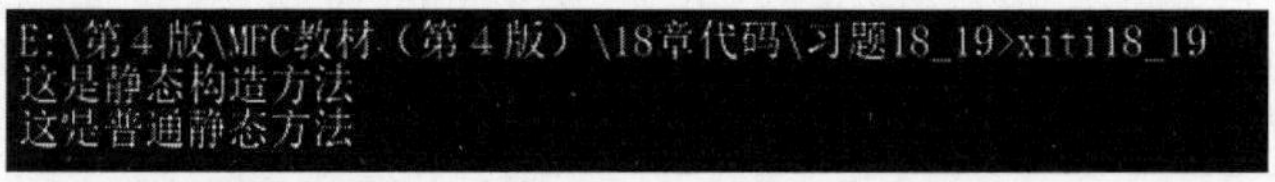

图 18-9　习题 18-19 程序运行结果

18-20　试编写一个程序,练习类继承及 base 关键字的应用。

答：

(1) 编写代码。程序代码如下：

```
using System;
namespace xiti18_20
{
    /*基类*/
    public class Parent
    {
        string parentString;
        public Parent()                              //构造方法
```

```
        {
            Console.WriteLine("基类的构造方法");
        }
        public Parent(string myString)           //重载的构造方法
        {
            parentString = myString;
            Console.WriteLine(parentString);
        }
        public void print()
        {
            Console.WriteLine("这是 Parent 类");
        }
    }
    /*派生类*/
    public class Child : Parent
    {
        public Child(): base("调用基类构造方法")  //调用了基类的构造方法
        {
            Console.WriteLine("派生类的构造方法");
        }
        public new void print()                   //本方法覆盖了基类的同名方法
        {
            base.print();                         //调用了基类的实例方法 print()
            Console.WriteLine("这是 Child 类");
        }
        //入口方法
        public static void Main()
        {
            Child child = new Child();
            child.print();
        }
    }
}
```

(2) 程序运行结果。程序运行结果如图 18-10 所示。

```
E:\第 4 版\MFC教材（第 4 版）\18章代码\习题18_20>xiti18_20
调用基类构造方法
派生类的构造方法
这是Parent类
这是Child类
```

图 18-10　习题 18-20 程序运行结果

(3) 程序说明。在派生类中 base 代表该派生类的基类，派生类可以通过这个关键字来访问基类的公有或保护成员。

18-21　试编写一个程序，练习多态。

答：

（1）编写代码。程序代码如下：

```csharp
using System;
namespace xiti18_21
{
    /*基类*/
    public class DrawingObject
    {
        public virtual void Draw()              //虚方法
        {
            Console.WriteLine("这是绘图类");
        }
    }
    /*线段类*/
    public class Line : DrawingObject
    {
        public override void Draw()              //重写了基类的虚方法
        {
            Console.WriteLine("这是线段的绘制方法");
        }
    }
    /*圆类*/
    public class Circle : DrawingObject
    {
        public override void Draw()              //重写了基类的虚方法
        {
            Console.WriteLine("这是圆的绘制方法");
        }
    }
    /*方形类*/
    public class Square : DrawingObject
    {
        public override void Draw()              //重写了基类的虚方法
        {
            Console.WriteLine("这是方形的绘制方法");
        }
    }
    /*主类*/
    public class DrawDemo
    {
        public static int Main(string[] args)
        {
            DrawingObject[] dObj = new DrawingObject[4];
```

```
        dObj[0]=new Line();
        dObj[1]=new Circle();
        dObj[2]=new Square();
        dObj[3]=new DrawingObject();
        foreach (DrawingObject drawObj in dObj)
        {
            drawObj.Draw();
        }
        return 0;
    }
  }
}
```

（2）程序说明。本例定义了 3 个派生自 DrawingObject 类的类：Line、Circle 和 Square 类。每个类都有一个用 override 修饰的与基类方法 Draw()同名的方法并在方法体中对方法的操作进行了重写。

在主类 DrawDemo Main()方法中，创建了一个 DrawingObject 类数组 dObj，数组元素分别被初始化为 Line、Circle、Square 和 DrawingObject 类对象。接着设计了一个 foreach 循环，在该循环中依次调用派生类对象 Draw()方法。

这里的 foreach 循环是 C♯新增的一个程序流程控制功能，它可以遍历数组中的所有元素。其格式如下：

```
foreach (数组类名 数组元素名 in 数组对象名)
{
    数组元素名.成员名;
}
```

foreach 后面括号中定义了循环体中所使用的数组元素名。例如，上例中的 foreach 代码：

```
//其中的 drawObj 便是循环体中使用的数组元素名
foreach (DrawingObject drawObj in dObj)
{
    drawObj.Draw();                              //遍历数组元素,并调用其方法 Draw()
}
```

（3）程序运行结果。程序运行结果如图 18-11 所示。

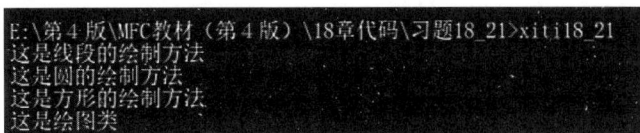

图 18-11　习题 18-21 程序运行结果

18-22～18-25　略。

18-26　编写一个程序练习接口的实现。

答：

（1）编写代码。程序代码如下：

```
using System;
namespace xiti18_26
{
    /*接口*/
    interface print
    {
        void printChar();                    //方法原型
        void printNum();                     //方法原型
    }
    /*实现类*/
    class Serv:print
    {
        public void printChar()              //接口方法的实现
        {
            Console.WriteLine("HHHHH");
        }
        public void printNum()               //接口方法的实现
        {
            Console.WriteLine(123456);
        }
    }
    /*使用实现类的客户*/
    class Test
    {
        static void Main(String[]args)
        {
            Serv s=new Serv();               //更正规的写法为 print s=new Serv();
            s.printChar();
            s.printNum();
        }
    }
}
```

（2）程序运行结果。程序运行结果如图 18-12 所示。

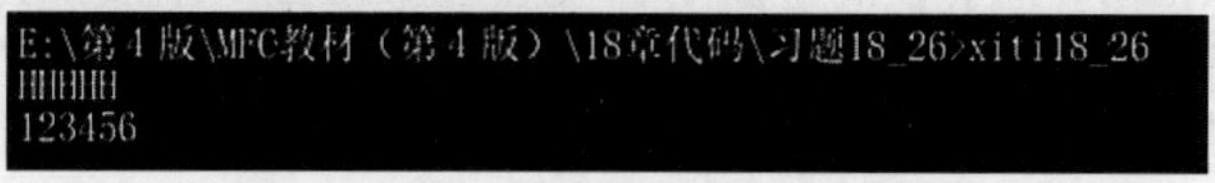

图 18-12　习题 18-26 程序运行结果

18-27　略。

18-28　编写一个测试程序,验证本章介绍的放大器和音箱代码并从中理解面向接口编程的实质。

答：

（1）编写代码。

定义音箱接口，源文件为 ISoundbox.cs。程序代码如下：

```
using System;
namespace InSoundbox                                    //定义音箱接口
{
    public interface ISoundbox
    {
        void Play();
    }
}
```

服务方定义两个音箱类，一高音，一低音，每次实验用一个。源文件为 Soundbox.cs。程序代码如下：

```
using System;
using InSoundbox;
//低音音箱
/ * public class Low_Soundbox:ISoundbox
{
    public void Play()                                  //音箱的播音方法
    {
        Console.WriteLine("低音炮~~~~~~~~");
    }
} * /
//高音音箱
public class Hi_Soundbox:ISoundbox
{
    public void Play()                                  //音箱的播音方法
    {
        Console.WriteLine("飙高音~~~~~~~~");
    }
}
```

客户方（放大器）单独制作一个接口源文件 IAmplifier.cs。程序代码如下：

```
using System;
namespace InAmplifier
{
  public interface IAmplifier
  {
    void TurnOn();                                      //打开放大器
  }
}
```

客户方（放大器）实现源文件 Amplifier.cs，其代码如下：

```
using System;
using InSoundbox;
using InAmplifier;
namespace Amplifier
{
    public class Amplifier1:IAmplifier
    {
        ISoundbox soundbox;                         //声明音箱类对象
        public Amplifier1(ISoundbox soundbox)
        {
            this.soundbox=soundbox;                 //创建音箱类对象
        }
        public void TurnOn()                        //打开放大器
        {
            soundbox.Play();                        //调用音箱方法
        }
    }
}
```

测试程序单独制作一个源文件 Container.cs，其代码如下：

```
using System;
using InSoundbox;
using InAmplifier;
using Amplifier;
public class Container
{
    static IAmplifier amplifier;
    static ISoundbox soundbox;
    public Container(){}
    public static void Main()
    {
        soundbox=new Hi_Soundbox();
        amplifier=new Amplifier1(soundbox);         //依赖注入
        amplifier.TurnOn();                         //打开放大器开始播音
        Console.Read();
    }
}
```

（2）测试实验。使用如下命令将接口源文件 ISoundbox.cs 编译为.dll 程序集：

```
csc /t:library ISoundbox.cs
```

得到文件 ISoundbox.dll。

使用如下命令引用库 ISoundbox.dll 并将音箱源文件 Soundbox.cs 编译为.dll 程

序集：

```
csc /t:library /r:ISoundbox.dll Soundbox.cs
```

得到文件 Soundbox.dll。

使用如下命令将放大器接口 IAmplifier.cs 编译为.dll 程序集：

```
csc /t:library IAmplifier.cs
```

得到文件 IAmplifier.dll。

使用如下命令引用库 IAmplifier.dll 和 ISoundbox.dll 并将放大器源文件 Amplifier. cs 编译为.dll 程序集：

```
csc /t;lirary /r:IAmplifier.dll;ISoundbox.dll Amplifier.cs
```

得到文件 Amplifier.dll。

使用如下命令引用上述 4 个.dll 库文件将测试程序代码 Container.cs 编译为.exe 程序集：

```
csc /out:Container.exe /r:Amplifier.dll;IAmplifier.dll;ISoundbox.dll;
    Soundbox.dll Container.cs
```

最后得到文件 Container.exe。

使用如下命令运行测试程序：

```
Container.exe
```

运行结果如图 18-13 所示。

图 18-13　习题 18-28 程序运行结果

（3）修改音箱源文件,换为低音音箱；修改测试代码源文件,在其构造方法参数中传入低音音箱对象。即将文件的语句：

```
soundbox=new Hi_Soundbox();
```

改为

```
soundbox=new Low_Soundbox();
```

然后重新编译音箱和测试代码,得出新的可执行程序集 Container.exe 并运行。

（4）讨论。Container.exe 程序集除了自身之外还含有 4 个.dll 程序集,但在文件夹中它们看起来仍然是各自独立的,只不过它们通过引用关联起来成了一个逻辑上的整体。

另外,从两个实验中也可以看到,采用了面向接口的编程方法之后,确实起到了客户代码与服务代码之间的隔离作用,服务代码的修改不会影响到客户代码。

所谓的面向接口编程,在服务方就是要定义接口在先,然后供需双方各自去编写自己的代码。对于服务方来说,就是用类型去实现事先定义好的接口；而对于客户方来说就是凡是需要注入服务方对象的地方一定要用接口来声明其类型。最忌讳的就是把自己所依赖的服务对象写死在自己的代码中。上面这种解耦的方法也就是人们常说的依赖注入的一种雏形,这里是利用构造方法实现的依赖注入,具体实施注入操作的是测试程序 Container.exe。

上述这种依赖注入的方法是设计软件框架的重要手段之一,这里的客户代码对应着框架代码,通常这部分代码是稳定不变的,而服务代码对应着业务代码,这种代码常常是会发生变化的。

18-29 略。

18-30 设计一个使用委托来调用方法的程序。

答:

(1) 编写代码。程序代码如下:

```
using System;
namespace xiti18_30
{
    class Ath
    {
        public int Add(int a, int b)
        {
            return a+b;
        }
    }
    class TestDelegate
    {
        delegate int NumOpe(int x,int y);              //声明委托类
        static void Main(string[] args)
        {
            NumOpe d=new NumOpe(new Ath().Add);        //创建委托对象
            int i=d(10, 20);                           //通过委托调用 Add()方法
            Console.WriteLine("10+20={0} ",i);
        }
    }
}
```

(2) 程序运行结果。程序运行结果如图 18-14 所示。

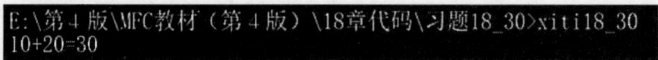

```
E:\第 4 版\MFC教材(第 4 版)\18章代码\习题18_30>xiti18_30
10+20=30
```

图 18-14　习题 18-30 程序运行结果

18-31 设计一个多播委托程序。

答:

(1) 编写代码。程序代码如下:

```
using System;
```

```
namespace xiti18_31
{
    class Hello
    {
        public void HelloGrt()
        {
            Console.WriteLine("Hello!");
        }
    }
    class TestDgt
    {
        delegate void GreetingDlg();                        //声明一个多播委托类
        /* 主方法 */
        static void Main(string[] args)
        {
            GreetingDlg d1,d2;
            d1=new GreetingDlg(new Hello().HelloGrt); //创建委托对象
            d2=new GreetingDlg(new TestDgt().GoodGrt);  //创建委托对象
            d1+=d2;                                          //将 d2 加入 d1
            d1();                  //调用 d1,即连续调用 HelloGrt()和 GoodGrt()两个方法
        }
        private void GoodGrt()
        {
            Console.WriteLine("Goodbye!");
        }
    }
}
```

（2）程序运行结果。程序运行结果如图 18-15 所示。

```
E:\第4版\MFC教材（第4版）\18章代码\习题18_31>xiti18_31
Hello!
Goodbye!
```

图 18-15　习题 18-31 程序运行结果

18-32～18-34　略。

18-35　编写一个程序,体会属性的实质。

答:

（1）编写代码。程序代码如下:

```
using System;
namespace xiti18_35
{
    class Property
    {
```

```
    public string MyProperty {get; set; }="good";
}
class Program
{
    static void Main(string[] args)
    {
        string s=new Property().MyProperty;
        Console.WriteLine(s);
    }
}
}
```

（2）程序运行结果。程序运行结果如图 18-16 所示。

```
E:\第 4 版\MFC教材（第 4 版）\18章代码\习题18_35>xiti18_35
good
```

图 18-16　习题 18-35 程序运行结果

18-36　设计一个程序，练习索引指示器的使用。

答：

（1）编写代码。程序代码如下：

```
using System;
namespace xiti18_36
{
    /*接口*/
    public interface IIndex
    {
        string this[int pos]{get; set; }
    }
    /*实现类*/
    class MyClass:IIndex
    {
    private string[] myData;                    //被封装的数组
    public string this[int pos]                //索引指示(访问)器
    {
        get
        {
            return myData[pos];
        }
        set
        {
            myData[pos] = value;
        }
    }
```

```
        public MyClass(int size)                          //构造方法
        {
            myData=new string[size];
            for (int i=0; i<size; i++)
            {
                myData[i]="00000";
            }
        }
    }
    /* 主类 */
    class Test
    {
        static void Main(string[] args)
        {
            int size = 10;
            MyClass myInd = new MyClass(size);            //创建索引指示器
            myInd[9]="99999";
            myInd[3]="33333";
            myInd[5]="55555";
            Console.WriteLine("\n 输出 \n");
            for (int i=0; i<size; i++)
            {
                Console.WriteLine("myInd[{0}]: {1}", i, myInd[i]);
            }
        }
    }
}
```

（2）说明。MyClass 类封装了一个名为 myData 的字符串数组,在构造方法中对该数组进行了初始化,接下来便定义了访问器:

```
public string this[int pos]
{
    get{…}
    set{…}
}
```

根据程序为属性所定义的名称 this[int pos]和 get 及 set 中的代码可知,当程序定义了 MyClass 的对象 myInd 之后,对 myInd[i]的访问就是对 myData[i]的访问。也就是说,MyClass 的对象 myInd 就相当于一个数组。

（3）程序运行结果。程序运行结果如图 18-17 所示。

18-37～18-40　略。

18-41　设计一个程序,能将整型数 CurrentNumber 累加到 20,要求在累加过程中,每当该整数可以被 5 整除时便产生一个事件,观察者的事件处理方法会将该数乘以 50

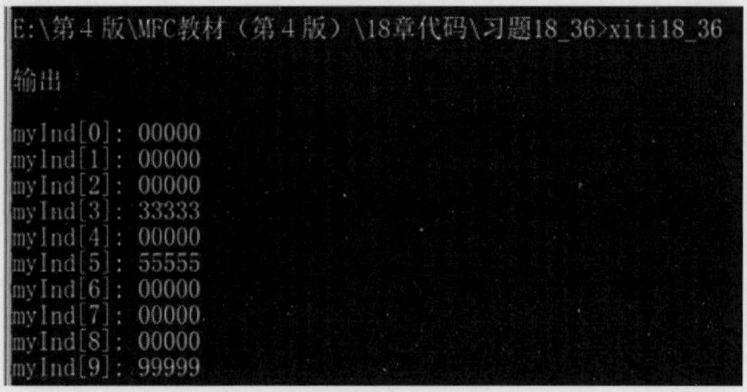

图 18-17　习题 18-36 程序运行结果

输出。

答：

(1) 事件源代码框架设计。

声明一个多播委托类：

```
public delegate void NumEventHandler(Object sender, NumEventArg e);
```

规定事件处理方法的原型，即

```
void 方法名(Object sender,NumEventArg e);
```

声明一个事件源类必须实现的接口，程序代码如下：

```
/*事件源接口*/
public interface ICounter
{
    event NumEventHandler NumberFound;          //声明事件
    void CounterTo20();                          //整数的累加方法
}
```

因要在事件发生时向事件处理方法传递当前计数值，所以需要声明一个事件信息类必须实现的接口。程序代码如下：

```
/*计数值属性接口*/
public interface IEventNumArgs
{
    int Num { get;set;}                          //当前计数值属性
}
```

(2) 事件信息类。事件信息类代码如下：

```
/*该类需继承自 EventArgs 并实现 IEventNumArgs*/
public class NumEventArg : EventArgs , IEventNumArgs
{
    private int n;                               //属性字段
    public int Num                               //用以访问当前计数值的属性
```

```
    {
        get { return n; }
        set { n = value;}
    }
}
```

（3）事件源。上述各项工作完成之后，即可编写接口 ICounter 的实现类（事件源类）。
程序代码如下：

```
/ * 事件源 * /
public class Counter : ICounter
{
    int CurrentNumber;                              //定义一个需要累加的整数
    public event NumEventHandler NumberFound;       //事件
    / * 构造方法 * /
    public Counter()
    {
        NumberFound = null;
    }
    / * 整数的累加方法 * /
    public void CounterTo20()
    {
        for (CurrentNumber = 0; CurrentNumber <= 20; CurrentNumber++)
        {
            if (CurrentNumber %5 == 0)
            {
                SendEvent();                        //调用事件发送方法
            }
        }
    }
    / * 事件发送方法 * /
    void SendEvent()
    {
        NumEventArg e=new NumEventArg();            //创建事件信息类对象
        e.Num=CurrentNumber;                        //当前累加值赋予 e 的属性
        if (NumberFound!=null)
            NumberFound(this,e);                    //调用委托(激活事件)
    }
}
```

（4）事件接收者及其事件处理方法。事件接收者代码如下：

```
/ * 事件处理类(观察者) * /
public class Observer
{
    //事件接收处理方法
```

```
      ↓
public void Ob_NumFouned(Object sender, NumEventArg e)
{
    Console.WriteLine("Number={0}", e.Num * 50);
}
}
```

（5）编写测试代码。测试代码如下：

```
/*测试类*/
public class Test
{
    static void Main(string[] args)
    {
        ICounter c = new Counter();                          //创建事件源对象
        /*创建事件(委托)对象,并将事件处理方法加入事件*/
        c.NumberFound += new NumEventHandler(new Observer().Ob_NumFouned);
        c.CounterTo20();                                     //调用事件源对象的累加方法
    }
}
```

（6）程序运行结果。程序运行结果如图 18-18 所示。

```
E:\第 4 版\MFC教材（第 4 版）\18章代码\习题18_41>xiti18_41
Number=0
Number=250
Number=500
Number=750
Number=1000
```

图 18-18　习题 18-41 程序运行结果

（7）总结。在程序中实现一个事件主要需要制作 4 个"零件"：事件信息类、事件发送方法、事件和事件处理方法。其中,前 3 项需要定义在事件源类,而后一项则定义在观察者类。事件源和事件接收者(观察者)的关联则由测试程序来完成。

当然,为了代码的紧凑,也可以不单独定义事件发送方法 SendEvent(),从而把 SendEvent()的代码直接放到 CounterTo20(),读者可以自己试一试。

18.2　阅　读　材　料

18.2.1　元数据与 IL 代码

从主教材中已经知道,IL 代码和元数据是 PE 文件中的两个重要组成部分。元数据包含一系列与程序集、模块、类型、字段、属性、方法、事件相关的表以及与之配合的堆数据结构,是程序的静态描述;而 IL 代码则是执行部分,是程序的动态描述。在运行时,IL 代码通过元数据标记来访问并使用元数据表,并根据获得的信息来控制程序的执行流程。

1. 元数据表和堆

在 PE 文件中,元数据是一个二进制块(流),是一组数据表及一组堆。为了对此有一个比较具体的了解，这里给出一个 exe 程序集 MyApp 元数据的示例。

MyApp 是一个引用了一个库程序集 MyClss.dll 的程序集，库程序集 MyClss.dll 的源代码如下：

```
using System;
public class Math
{
  public void Show()
  {
    Console.WriteLine("this is Math");
  }
}
```

此段代码，只有一个成员方法 Show()，并在其中调用系统方法 Console.WriteLine()输出一个字符串。

在命令行中，使用如下命令将 MyClss.cs 编译成库程序集 MyClss.dll：

```
>csc /t:library MyClss.cs
```

待引用程序集 MyClss.dll 的 MyApp 源代码如下：

```
using System;
namespace Program
{
  public class MyApp
  {
    public static void Main()
    {
      int ValueOne=10;
      int ValueTwo=20;
      int sum=Add(ValueOne, ValueTwo);
      Console.WriteLine(sum);
      Math m=new Math();
      m.Show();
      Console.Read();
    }
    public static int Add(int One, int Two)
    {
      return (One+Two);
    }
  }
}
```

此段代码含有一个类 MyApp 并为这个类定义了一个静态方法 Add()，在入口方法 Main() 中定义了引用类 Math 的对象，并通过这个对象调用了方法 Add()。

使用如下命令将 MyAPP.cs 编译为 MyAPP.exe：

```
>csc /r:MyClss.dll MyAPP.cs
```

其中引用了库 MyClss.dll。

编译成功后，使用软件 CFF Explorer 对 MyApp.exe 实施逆向工程可以得到如图 18-19 所示的元数据表概览。

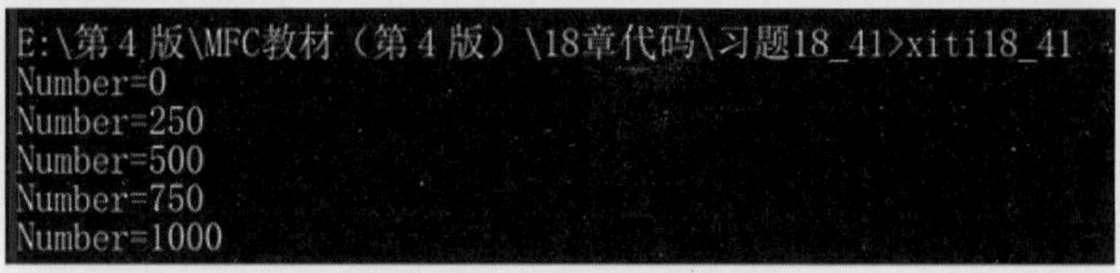
E:\第 4 版\MFC教材（第 4 版）\18章代码\习题18_41>xiti18_41
Number=0
Number=250
Number=500
Number=750
Number=1000

图 18-19　元数据表概览

图 18-20 中左侧显示的是 PE 文件中元数据的总体概貌，图右侧显示的便是本例中的各个元数据表。一般来说，元数据表含有如下 3 类表。

(1) 定义表，包含类型、属性、方法的定义。常用的元数据定义表有模块定义表 ModuleDef(图中为 Module)、类型定义表 TypeDef、方法定义表 MethodDef(图中为 Method)、字段定义表 FieldDef、参数定义表 ParamDef(图中为 Param)、属性定义表 PropertyDef、事件定义表 EventDef。

(2) 引用表，包含本程序及引用的外部程序集的类型、属性、方法的描述。常见的引用表有 AssemblyRef(程序集引用表)、ModuleRef(模块引用表)、TypeRef(类型引用表)、MemberRef(类成员引用表)。

(3) 清单表，列举了程序集的组成成分。

元数据中的各种表通过相互引用来描述各种数据之间的关系，例如，类的元数据表会引用与本类相关的方法表，而方法表会引用参数表。在此附带说一句，对于表之间的引用关系，CFF Explorer 不如 ILDasm 描述得清楚，有兴趣的读者可以试试。

根据具体程序，元数据表都会有若干记录，本例含有的各元数据表在其名称后面的括号中显示了它所含有的记录数，每个记录也表现为一个表。

在如图 18-20 所示的表头中，使用 MaskValid 字段说明了当前程序集所具有的元数据表的种类。

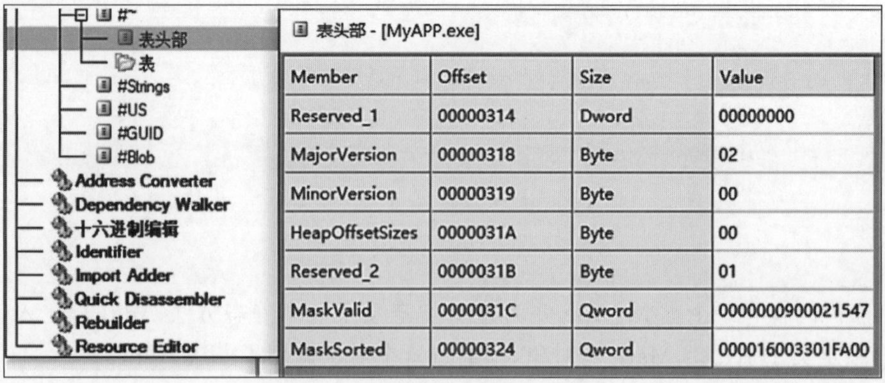
#~
表头部
表
#Strings
#US
#GUID
#Blob
Address Converter
Dependency Walker
十六进制编辑
Identifier
Import Adder
Quick Disassembler
Rebuilder
Resource Editor
表头部 - [MyAPP.exe]
Member | Offset | Size | Value
Reserved_1 | 00000314 | Dword | 00000000
MajorVersion | 00000318 | Byte | 02
MinorVersion | 00000319 | Byte | 00
HeapOffsetSizes | 0000031A | Byte | 00
Reserved_2 | 0000031B | Byte | 01
MaskValid | 0000031C | Qword | 0000000900021547
MaskSorted | 00000324 | Qword | 000016003301FA00

图 18-20　表头

MaskValid 字段实质上是一个由 8B 组成的位图,从 00 位开始到 63 位,每个种类占用一个二进制位,其位值为 1 时表示当前程序集包含此类表。表的种类按照其所占位的位置数顺序号命名,一共可以定义 64 种表(实际只有 44 种表)。

元数据表的类别及其命名如表 18-1 所示。

表 18-1 MaskValid 字段各位与表类别的对应

命名	元数据表类别	说 明
0(0)	ModuleDef	当前模块表
1(0x1)	TypeRef	引用的 Type 表,每个引用类型具有一条记录
2(0x2)	TypeDef	本模块的 Type 表,每个 Type 在表中具有一条记录
3(0x3)	FieldPtr	字段指针表,定义类的字段时的中间查找表
4(0x4)	FieldDef	字段定义表
5(0x5)	MethodPtr	方法指针表,定义类的方法时的中间查找表
6(0x6)	MethodDef	方法定义表
7(0x7)	ParamPtr	参数指针表,定义类的参数时的中间查找表
8(0x8)	ParamDef	方法的参数定义表
9(0x9)	InterfaceImpl	接口及接口实现类型表
10(0xa)	MemberRef	引用成员表,引用成员可以是方法、字段、属性等
11(0xb)	Constant	参数、字段和属性的常数值表
12(0xc)	CustomAttribute	特性定义表
13(0xd)	FieldMarshal	描述与非托管代码交互时,参数和字段的传递方式
14(0xe)	DeclSecurity	描述对于类、方法和程序集的安全性
15(0xf)	ClassLayout	描述类加载时的布局信息
16(0x10)	FieldLayout	描述单个字段的偏移或序号
17(0x11)	StandAloneSig	描述未被任何其他表引用的签名
18(0x12)	EventMap	描述类的事件列表
19(0x13)	EventPtr	描述事件指针,定义事件时的中间查找表
20(0x14)	Event	描述事件
21(0x15)	PropertyMap	描述类的属性列表
22(0x16)	PropertyPtr	描述属性指针,定义类的属性时的中间查找表
23(0x17)	Property	描述属性
24(0x18)	MethodSemantics	描述事件、属性与方法的关联
25(0x19)	MethodImpl	描述方法的实现
26(0x1a)	ModuleRef	描述外部模块的引用
27(0x1b)	TypeSpec	描述对 TypeDef 或者 TypeRef 的说明
28(0x1c)	ImplMap	描述程序集使用的所有非托管代码的方法

命名	元数据表类别	说　　明
29(0x1d)	FieldRVA	字段表的扩展,RVA 给出了一个字段的原始值位置
30(0x1e)	ENCLog	描述在 Edit-And-Continue 模式中哪些元数据被修改过
31(0x1f)	ENCMap	描述在 Edit-And-Continue 模式中的映射
32(0x20)	Assembly	描述程序集定义
33(0x21)	AssemblyProcessor	未使用
34(0x22)	AssemblyOS	未使用
35(0x23)	AssemblyRef	描述引用的程序集
36(0x24)	AssemblyRefProcessor	未使用
37(0x25)	AssemblyRefOS	未使用
38(0x26)	File	描述外部文件
39(0x27)	ExportedType	描述在同一程序集但不是同一模块中有哪些类型
40(0x28)	ManifestResource	描述资源信息
41(0x29)	NestedClass	描述嵌套类型定义
42(0x2a)	GenericParam	描述泛型类型定义或泛型方法定义所使用的泛型参数
43(0x2b)	MethodSpec	描述泛型方法的实例化
44(0x2c)	GenericParamConstraint	描述每个泛型参数的约束

在 MaskValid 字段中,如果某二进制位的数值为 1,则表示元数据中包含与该位对应的元数据表,否则无。例如,本例 MaskValid 字段的值为 0000000900021547,经计算可知其值为 1 的二进制位有 0、1、2、5、8、10、12、17、32、35 共 10 个二进制位。也就是说,本例程序元数据表中具有 10 个不同种类的表。从表 18-1 可查得这些表分别为 ModuleDef、TypeRef、TypeDef、MethodPtr、ParamDef、MemberRef、CustomAttribute、StandAloneSig、Assembly、AssemblyRef。

为了便于对元数据表及其记录进行查询,人们定义了元数据标记 Token。Token 值实际上是一个 UINT32 值,其格式如下:

(××)×××××××

其中,被"()"括起来的高位字节是表类别的标识,其后的低位字节则用于标识记录在表中的位置,即记录序号。

元数据标记 Token 相当于元数据表的地址,是 IL 代码访问元数据表的依据。

因为元数据表不会直接存储字符串、Blob 等这些不定长信息,所以元数据还辟有专门用于存放上述信息的 4 种堆结构。

(1)♯GUID:存储所有的全局唯一标识(Global Unique Identifier)。

(2)♯US:以 Unicode 格式存放的 IL 代码中使用的用户字符串(User String),例如,ldstr 调用的字符串。

（3）♯Strings：UTF-8 格式的字符串堆，包含各种元数据的名称（如类名、方法名、成员名、参数名等）。流的首部总有一个 0 作为空字符串，各字符串也以 0 表示结尾。在 CLR 中，这些名称的最大长度是 1024B。

（4）♯Blob：二进制数据堆，存储程序中的非字符串信息等。

2. IL 代码流程的转移

IL 代码的执行动作就是不断地调用各种方法，由于方法信息都被存储于元数据表之中，所以 IL 代码流程的转移控制必然要通过在指令中标注元数据标记来实现。

在 CFF Explorer 中查看.NET 目录，从表项 EntryPointToken 的内容得知，程序的入口元数据标记为 06000001，即 Method 表中的第一项 Main()，如图 18-21 所示。

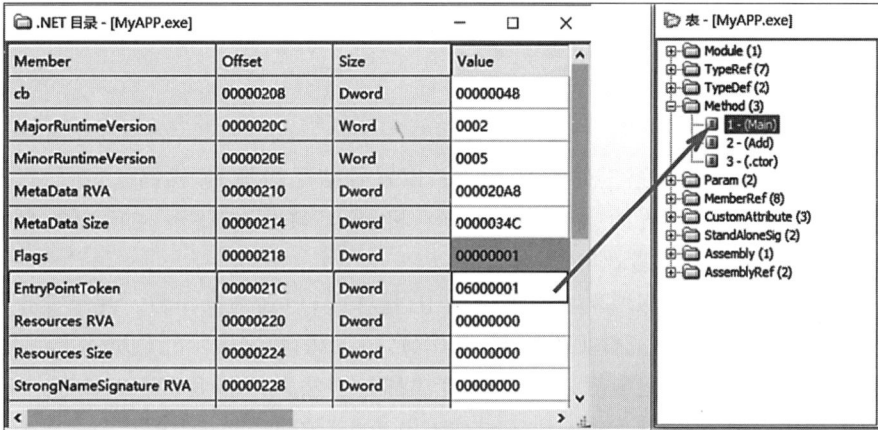

图 18-21　程序入口为 Main()

这说明，当用户启动 MyApp.exe 时，系统会先启动 CLR 并查找.NET 目录，随后便根据在 EntryPointToken 项得到的元数据标记转向入口方法 Main()去执行 IL 代码。为了清楚，下面列出了用软件 ILDasm.exe 打开的 MyApp.exe 入口方法 Main()的 IL 代码：

```
.method public hidebysig static void  Main() cil managed
//SIG: 00 00 01
{
  .entrypoint
  //Method begins at RVA 0x2050
  //Code size 42 (0x2a)
  .maxstack 2
  .locals init (int32 V_0, int32 V_1, int32 V_2, class [MyClss]Math V_3)
  IL_0000:  /* 00   |              * / nop
  IL_0001:  /* 1F   | 0A           * / ldc.i4.s   10
  IL_0003:  /* 0A   |              * / stloc.0
  IL_0004:  /* 1F   | 14           * / ldc.i4.s   20
  IL_0006:  /* 0B   |              * / stloc.1
  IL_0007:  /* 06   |              * / ldloc.0
  IL_0008:  /* 07   |              * / ldloc.1
```

```
IL_0009:   /* 28   | (06) 000002 * / call int32 Program.MyApp::Add(int32,int32)
IL_000e:   /* 0C   |             * / stloc.2
IL_000f:   /* 08   |             * / ldloc.2
IL_0010:   /* 28   | (0A) 000004  * / call void [mscorlib] System.Console::
       WriteLine(int32)
IL_0015:   /* 00   |             * / nop
IL_0016:   /* 73   | (0A) 000005 * / newobj instance void [MyClss]Math:: .ctor()
IL_001b:   /* 0D   |             * / stloc.3
IL_001c:   /* 09   |             * / ldloc.3
IL_001d:   /* 6F   | (0A) 000006 * / callvirt   instance void [MyClss]Math::Show()
IL_0022:   /* 00   |             * / nop
IL_0023:   /* 28   | (0A) 000007 * / call int32 [mscorlib]System.Console:: Read()
IL_0028:   /* 26   |             * / pop
IL_0029:   /* 2A   |             * / ret
} //end of method MyApp::Main
```

这段代码可分为 3 列，第 1 列以 IL_开头，以冒号结尾的是 IL 代码的行号；行号后面为第 2 列，可以看成 IL 代码的"机器码"，这个"机器码"被写在了"/* */"之间；最后面的是第 3 列，可以看成"IL 汇编语句"。

第 2 列的"机器码"中，以"|"为界，前面为 IL 操作码，后面为操作数。凡是操作数符合 Token 格式的指令都是访问元数据表指令，操作数"()"中的数字表示元数据表类别，后面的数字表示记录序号。访问元数据表的指令通常都是方法调用指令，例如，本例中行号为 IL_0009、IL_0010、IL_0016、IL_001d、IL_0023 的行。以其中 IL_0009 行的指令为例：

```
/* 28   | (06) 000002   * /
```

指令中的 28 便是调用转移指令 call 的操作码"|"后面的（06）000002 是元数据标记 Token，是本指令的操作数，是程序调用转移目标。根据括号中的 06 和后面的 000002 可知目标表为 Method，目录序号为 2，从图 18-22 的查找结果可知，指令的转移目标为 Add()方法。

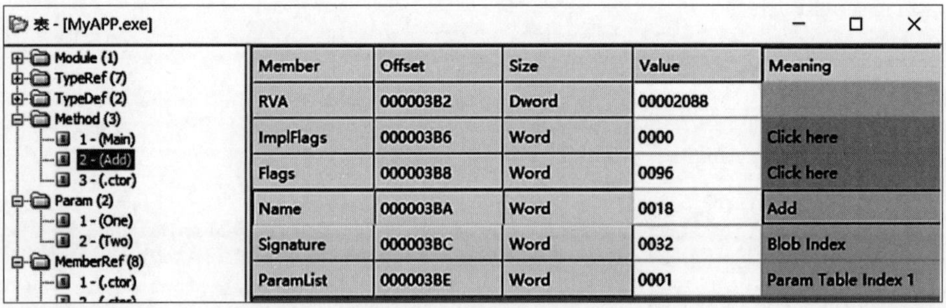

图 18-22 （06）000002 指向了方法 Add()

对于如下指令：

```
IL_0010:                          /* 28   | (0A) 000004 * /
```

（0A）000004 指向了系统默认引用的 System.microlib.dll 中的 WriteLine（）方法，如图 18-23 所示。

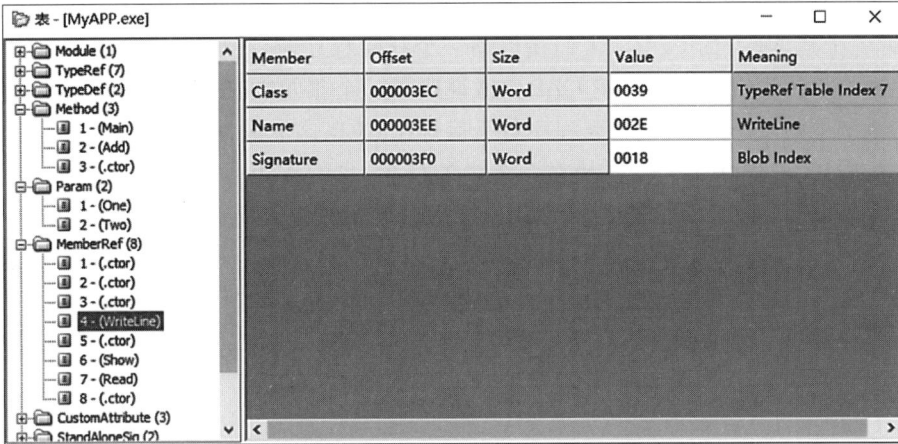

图 18-23　（0A）000004 指向了方法 WriteLine（）

下面的指令

```
IL_0016:                                      /*  73   |   (0A)000005   */
```

调用了引用文件中 Math 类型的构造方法，如图 18-24 所示。

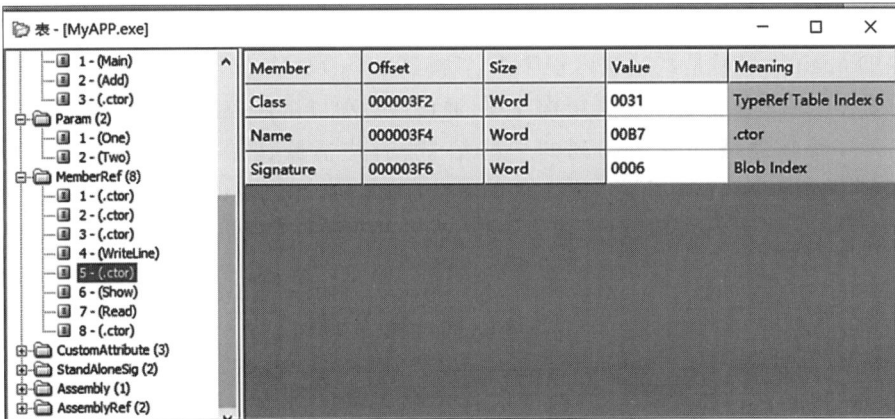

图 18-24　（0A）000005 指向了 Math 的构造方法

其余的那几个调用指令的分析方法与上相同，在此不再赘述。

运行时，CLR 将托管代码加载到内存并进行分析，如果是调用指令，则按照元数据标记 Token 转向相应的方法。所以说，PE 文件中的 IL 代码和元数据并不是互不相扰、各自独立的存在，而是依靠着相互之间的紧密配合来完成程序的运行。

18.2.2　应用程序域简介

C♯程序集运行于 CLR 提供的应用程序域（AppDomain），应用程序域实现了应用程序的隔离,保证了代码的安全。

1. 应用程序域的概念及其与进程的关系

首先需要清楚,在运行托管代码时,计算机上存在着两个运行平台,一个是本地操作系统,另一个是.NET的CLR。人们在启动一个托管程序时,托管代码中的CLR头会通知本地操作系统去启动托管环境CLR。这说明了一个很重要的事实,那就是CLR是本地操作系统中的一个进程,而C#程序集是运行在CLR这个进程中的。

众所周知,进程(Process)是操作系统中的概念,它的作用是对众多正在运行的应用程序进行隔离。在这个隔离机制下,一个运行着的应用程序对应着一个进程,进程之间互相隔离,除非采用特殊措施,否则一个进程无法直接访问另一个进程的数据,一个进程运行的失败也不会影响其他进程的运行。进程可以理解为一个程序在内存中的边界,它保证了运行在操作系统中程序的安全。

为了保证运行在CLR的托管程序的安全,CLR也应对不同托管程序之间进行隔离,但由于CLR本身就是本地操作系统的一个进程,如果在这个进程中再划分进程将是一个极其困难的事。于是.NET在CLR中引入了应用程序域(AppDomain)的概念。因为CLR这个进程空间足够大(对于32位机,其大小为4GB;对于64位机,其大小为8TB),CLR完全可以在自己的进程空间中再划分出若干互相隔离的分区以供托管程序使用,这种运行空间就称为应用程序域(AppDomain)。一个应用程序域可以装载一个可执行程序(*.exe)以及多个程序集(*.dll)。

当启动一个托管程序时,其PE文件中的信息会提示系统首先启动CLR,在这个过程中会通过代码初始化三个逻辑区域。首先是系统程序域(SystemDomain),然后是共享域(SharedDomain),最后是默认域({程序集名称}Domain)。

系统程序域里维持着一些系统构建项,通过这些项可以监控并管理其他应用程序域;共享域存放着其他域都会访问到的一些信息,当共享域初始化完毕后,会自动加载mscorlib.dll程序集至该共享;默认域则用于存储自身程序集的信息,用户的主程序集就会被加载至这个默认域中,执行程序入口方法。

如果想让程序在不关闭不重新部署的情况下添加一个新功能或改变某一块功能,可以再创建一个新的应用程序域,然后将需要更改或替换的模块的程序集加载至该域,每当更改和替换的时候直接卸载该域即可。

当AppDomain被卸载时,此AppDomain中的程序集会被卸载,因为每个AppDomain加载的程序集都是独立的,所以一个应用程序域被卸载并不会影响其他AppDomain中加载的程序集。

为了对应用程序域进行管理,C#在命名空间System中定义了AppDomain类。表18-2列出了AppDomain类的常用属性。

表18-2 AppDomain类的常用属性

属　　性	说　　明
ActivationContext	获取当前应用程序域的激活上下文
ApplicationIdentity	获得应用程序域中的应用程序标识

属　　性	说　　明
BaseDirectory	获取基目录
CurrentDomain	获取当前 Thread 的当前应用程序域
Id	获得一个整数,该整数唯一标识进程中的应用程序域
RelativeSearchPath	获取相对于基目录的路径。在此程序集冲突解决程序应探测专用程序集
SetupInformation	获取此实例的应用程序域配置信息

AppDomain 类中有多个方法可以创建一个新的应用程序域,或者执行应用程序域中的应用程序,如表 18-3 所示。

表 18-3　AppDomain 类的常用方法

方　　法	说　　明
CreateDomain	创建新的应用程序域
CreateInstance	创建在指定程序集中定义的指定类型的新实例
CreateInstanceFrom	创建在指定程序集文件中定义的指定类型的新实例
DoCallBack	在另一个应用程序域中执行代码,该应用程序域由指定的委托标识
ExecuteAssembly	执行指定文件中包含的程序集
ExecuteAssemblyByName	执行程序集
GetAssemblies	获取已加载到此应用程序域的执行上下文中的程序集
GetCurrentThreadId	获取当前线程标识符
GetData	为指定名称获取存储在当前应用程序域中的值
IsDefaultAppDomain	返回一个值,指示应用程序域是否是进程的默认应用程序域
SetData	为应用程序域属性分配值
Load	将 Assembly 加载到此应用程序域中
Unload	卸载指定的应用程序域

2. 线程与应用程序域的关系

线程与进程都是操作系统中的概念。线程是进程中的一个实体,是被系统分配 CPU 资源的基本单位。与拥有大量内存资源的进程不同,线程只拥有堆栈所需要的一点儿存储资源,但它可与同属一个进程的其他线程共享进程所拥有的全部资源。

一个线程可以创建和撤销另一个线程,同一进程中的多个线程可以并发执行。在单个程序中同时运行多个线程以完成不同任务的方式,称为多线程。

在.NET 中,在某些情况下,线程在不同的时刻可以运行于不同的应用程序域。下面的例子示出了一种线程跨应用程序域运行的情况。例子中首先建立了一个 ConsoleApplication 项目 Example.exe,在执行时输出当前线程及应用程序域的信息。

Example.cs 代码如下：

```csharp
using System;
using System.Threading;
class Program
{
  static void Main(string[] args)
  {
    var message = string.Format(" CurrentThreadID is:{0}\tAppDomainID is:{1}",
        Thread.CurrentThread.ManagedThreadId,AppDomain.CurrentDomain.Id);
    Console.WriteLine(message);
    Console.Read();
  }
}
```

然后又创建了一个 ConsoleApplication 项目 TestThread.exe，在此项目中新创建一个应用程序域对象，并在其中调用 ExecuteAssembly()执行前面的 Example.exe 程序。

TestThread.cs 的代码如下：

```csharp
using System;
using System.Threading;
class Program
{
  static void Main(string[] args)
  {
    //当前应用程序域信息
    Console.WriteLine("CurrentAppDomain start!");
    ShowMessage();
    //建立新的应用程序域对象
    AppDomain newAppDomain =
        AppDomain.CreateDomain("newAppDomain");
    //在新的应用程序域中执行 Example.exe
    newAppDomain.ExecuteAssembly("Example.exe");
    AppDomain.Unload(newAppDomain);
    Console.ReadKey();
  }
  public static void ShowMessage()
  {
    var message = string.Format(" CurrentThreadID is:{0}\tAppDomainID is:{1}",
        Thread.CurrentThread.ManagedThreadId,AppDomain.CurrentDomain.Id);
    Console.WriteLine(message);
  }
}
```

程序运行结果如图 18-25 所示。

图 18-25　程序运行结果

可见,ID 等于 1 的线程在不同时间内分别运行于 AppDomain 1 与 AppDomain 2 当中。

总之,在.NET 中,一个进程被划分成了多个应用程序域,不同的应用程序运行于不同的程序域,互相隔离的应用程序域保证了代码的安全。如果需要,.NET 应用程序也可以设计成多个线程,运行于底层操作系统的线程可以跨越多个应用程序域运行。

虽然进程、线程与应用程序域在平常的程序开发实践中并非经常用到,但了解它们的关系,熟悉其操作方式对合理利用系统的资源,提高系统的效率非常有意义。

18.2.3　面向对象程序设计的几个基本原则

随着技术及需求的进步,计算机程序规模越来越大,多人合作进行软件开发已经是业界的常态。这种开发方式很自然地就形成一个以前没有的局面,即每个开发者都根据自己承担的功能要求,设计了自己的数据,同时也设计了针对这些数据的计算方法,最后打包给总设计师,由他把这些设计装配成一个完整的软件。也就是说,每个开发者设计的其实都是一个具有相对独立功能的数据与方法的封装体,而这些封装体之间的联系则由总设计师来完成。这种做法,慢慢地让人们形成了类的概念、面向对象程序设计的概念,以及代码重用的继承和仿效自然语言"一词多义"的多态等概念。

除此之外,人们还发现,封装体之间的联系越少,整个软件的安全性及可维护性就越高,后期的组装工作也就越简单。于是总结出了设计高质量软件的两个基本原则:一是以类的合理设计实现代码的高内聚;二是以类与类之间关系的合理设计来实现低耦合。自此,"高内聚,低耦合"就成了软件业界共识,同时也形成了如下一些软件设计原则。

1. 类应该具有单一的功能

一般来说,在一个设计良好的程序中,每个对象只应完成一个功能,换种说法就是一个类应该仅有一个引起它变化的原因。

反之,一个类的功能越多,就意味着过多功能的纠缠,其中一个功能变化时就势必影响其他功能,维护起来也比较麻烦。另外,功能过多的类代码会导致其复用性很差。

2. 依赖反转原则

如果 A 的工作必须用 B 的工作来支持,即 A 类对象需要调用 B 类对象的方法,那么这就是一种依赖,即 A 依赖于 B。对于这类问题,最简单、直接的做法是在 A 类中创建 B 类对象,进而通过 B 类对象来调用 B 的方法。例如:

```
using System;
class B
{
    public void ShowHello()
```

```
        {
            Console.WriteLine("Hello!");
        }
    }
    class A
    {
        B b;                              //B类对象b定义在了A类中
        public A()
        {
            b=new B();
        }
        public void Show()
        {
            b.ShowHello();
        }
    }
    class Program
    {
        static void Main()
        {
            A a=new A();
            a.Show();
            Console.Read();
        }
    }
```

　　这种做法确实是简单,但也有很多弊病。因为 A 需要使用 B 的方法,是客户,属于高层模块,而 B 是提供服务的服务方,属于底层模块,于是 A 类强烈依赖着 B 类对象 b,形成了高层模块对底层模块的依赖。这种简单依赖的弊端就是一旦底层模块出现变化(如类名变化),就会必然连带着高层模块代码也必须改变,也就是平常人们所说的"下级挟持了上级"。如果程序再复杂一些,依赖层次再多一些,那么这种简单的依赖势必会导致一处修改处处需要修改的尴尬局面。极端的情况甚至会导致整个软件因修改代价高昂而被废弃。这种依赖程度高的软件关系称为强耦合软件。

　　避免强耦合,弱化模块之间依赖强度的办法就是想办法使软件模块都依赖一个稳定的中介物,即那些不会因程序细节变化而变化的抽象物,在程序设计中,这种抽象物就是接口或抽象类。也就是说,不管客户(上级)还是服务(下级),都要以抽象(中介)为基准编写代码,即所谓的面向抽象编程。

　　依赖反转原则(dependency inversion principle,DIP)指的就是,高层类不再依赖于低层类的实现细节,而是要把依赖关系颠倒(反转)过来,使得低层次类依赖于高层次类的需求抽象。换句话说,服务方要依赖客户的需求清单(就是接口),要按照这个清单实现服务细节。

　　该原则有如下两条规定。

（1）高层次的类不应该依赖于低层次的类，两者都应该依赖于抽象接口。

（2）抽象接口不应该依赖于具体实现，而具体实现则应该依赖于抽象接口。

这两个规定挺拗口。读者只需记住：如果接口是客户提出的，那么这个接口便是需求清单；如果是服务方提供的，那么接口就是服务项目清单。总之，接口就是客户与服务方之间的契约，一旦商定就不能轻易改变，从而使之具有较强的稳定性。正是这个稳定性保证了双方代码的改变不会蔓延到对方，从而实现了代码的解耦。

上述程序改为面向接口编程示例：

```csharp
using System;
//定义接口 IB
interface IB
{
    public void ShowHello();
}
//B 为 IB 接口实现类
class B:IB
{
  public void ShowHello()
  {
      Console.WriteLine("Hello!");
  }
}
class A
{
    IB m_b;                          //面向 IB 接口定义字段
  public A(IB b)                     //面向 IB 接口定义参数
  {
      m_b=b;
  }
  public void Show()
  {
      m_b.ShowHello();
  }
}
class Program
{
  static void Main()
  {
      B b=new B();
      A a=new A(b);                  //在第三方(Main())中通过构造方法实现依赖注入
      a.Show();
      Console.Read();
  }
}
```

上述代码中,服务方代码的任何变化都不会影响到客户代码,双方代码实现了解耦。这种解耦既归功于面向接口编程,也归功于借助一个第三方代码,在这里是主方法 Main(),因为客户、服务连接是在这里实现的。由于这个第三方饰演了一个装配场所的角色,所以也常常被称为"容器"。这种在容器中将服务对象(如本例中的对象 b)通过某种方式传递到客户方的方法也常被称为"依赖注入"。

在实践中,除了上述这种通过构造方法来实现依赖注入的方式之外,还可以通过属性注入。示例代码如下:

```
using System;
interface IB
{
  public void ShowHello();
}
class B:IB
{
  public void ShowHello()
  {
    Console.WriteLine("Hello!");
  }
}
class A
{
  public IB m_b{set;get;}              //面向接口编程
  public void Show()
  {
    m_b.ShowHello();
  }
}
class Program
{
  static void Main()
  {
    B b=new B();
    A a=new A();
    a.m_b=b;                          //属性注入
    a.Show();
    Console.Read();
  }
}
```

如果把这个第三方功能再扩展一些,使它能够根据某种配置文件去自动查找需要依赖的双方,并进行依赖注入,那么这种方式又称"控制反转"。现在市面上已有多种具有这种功能的软件供应,这种软件通常也叫作"框架"。

3. 接口隔离原则

客户端不应依赖它不需要的接口,类间的依赖关系应该建立在最小的接口上。简单地说,一个接口不应有过多方法,否则会使实现类被迫实现一些多余的方法,因为那些多余的方法会使客户出现误操作。总之,接口应该尽量细化,一个接口对应一个功能模块,使接口更加灵活轻便。

接口隔离原则和类的单一职责原则很像,但两个原则还是存在着明显的区别。单一职责原则是在业务逻辑上的划分,注重的是职责,而接口隔离原则是基于接口的设计考虑。接口隔离原则要求尽量使用多个专门的接口通过不同的搭配提供给不同功能的模块。在设计接口时要注意把不同的变化因素封装到不同的接口或抽象类,而避免将多个不同变化因素出现在同一个接口或抽象类。

4. 开闭原则

在软件的生命周期内,因为变化、升级和维护等原因需要对软件原有代码进行修改时,可能会给旧代码中引入错误,也可能会使人们不得不对整个功能进行重构,以及需要对原有代码进行重新测试。总之,实际应用中会有各种原因可能会使软件变得越来越脆弱、危险。

为了尽量避免出现上述情况,必须在设计软件时遵守只对扩展开放,对修改则关闭的原则。简言之,采取各种措施,使软件只允许添加,而坚决拒绝修改。也就是说,只允许通过添加方法来达到修改的效果。这就是所谓的"开闭原则"。

其实这个"开闭原则"是人们在分析了那些重用度高、耦合度低、可维护度高的软件的特点时总结出来的。但迄今为止如何才能设计出符合"开闭原则"的软件还是办法不多,仍在不断探索和总结中,目前流传很广的各种"设计模式"都可以看成业界在探索设计符合开闭原则软件方面得到的成果。作者强烈建议读者认真学习一下设计模式,学习后会发现,所有的设计模式都是巧妙地使用了接口和抽象类的结果,从这些结果中会对接口的认识有一个质的飞跃。

18.2.4 公有程序集简介

可以被所有用户引用的全局程序集称为公有程序集,它必须被部署于一个事先约定的公共目录。在安装.NET 时,.NET 会自动为用户安装这个公共目录,该目录称为GAC。不仅如此,.NET 还在 GAC 中自动提供了.NET 的所有公有程序集。

1. 全局程序集缓存 GAC

GAC 称为全局程序集缓存(global assembly cache),它是系统 assembly 目录下的一个子目录,如果用户机器安装了.NET Framework,就可以找到这个 GAC。但在用户使用 Windows Explorer 观察它时却看不到那种文件夹式的 GAC,而只能找到 assembly。

在 assembly 中的每一项都是一个公有程序集。

2. 公有程序集的数字签名

公有程序集是一种放在公共场合的全局代码,为了防止出现危及代码安全的情况,.NET 要求存放在 GAC 的所有公有程序集必须含有开发者的数字签名,以使用户可以辨别真伪。

数字签名是一种防伪措施,它是附加在软件产品上的一段被加密了的代码。为了使用户可以读取这段代码并判断待引用程序集的真伪,开发方必须为用户提供一个密码,如果用户使用该密码能够把数字签名成功解密,那么就证明该程序集为正品,否则为赝品。

为了防止造假者使用开发者提供的密码来制作虚假数字签名,所以需要两个密码,其中用来加密的称为"私钥",而用来解密的称为"公钥"。由于公钥和私钥之间存在着严格的数学匹配关系,所以也就形成了唯一的"公钥/私钥对",即由私钥加密的信息只能用配对的公钥才能解密。私钥由软件的开发者持有并严密保管,而用户只能得到"公钥"。这样,既能使用户通过解密来判断数字签名的真伪,也能防止数字签名的造假。

当开发者发布软件时,为了证明这是自己的软件,必须在该软件上附加一段用私钥加密了的信息以作为数字签名,另外还要向用户提供公钥。当用户使用软件附带的公钥可以成功解密该软件的数字签名时,那么就可以断定该软件是一个正品而非赝品。

3. 公有程序集的创建

与私有程序集相比,创建一个公有程序集要复杂得多,下面的示例创建了一个名称为SimpleMath.dll 的公有程序集,它包含一个可被用户使用的 SimpleMath 类。

(1) 编写公有程序集的代码。公有程序集源文件 SimpleMath.cs 的代码如下。

```
//SimpleMath.cs
namespace MathLibrary
{
    public class SimpleMath
    {
        public static int Add(int n1, int n2)
        {
            return n1 + n2;
        }
        public static int Subtract(int n1, int n2)
        {
            return n1 - n2;
        }
    }
}
```

(2) 获取公钥/私钥对。为产生公钥/私钥对,.NET 提供了一个实用工具 SN.exe(Strong Name Utility)。利用该工具,设计者可以很方便地获得一个公钥/私钥对。具体做法如下。

在.NET 提供的命令行环境下使用如下命令:

```
>SN - k MyCompany.Keys
```

其中,命令开关-k 用来指示 SN.exe 产生一个公钥和一个私钥。SN.exe 产生公钥/私钥对后,会将它们存储在命令所指示的文件(MyCompany.Keys)中。该文件名由设计者来命名,是否使用扩展名也由设计者自行确定,但为了便于记忆,最好定义一个扩展名,如本例的.Keys。

当公钥/私钥对被创建成功后,用户会在本目录下找到这个存放了公钥/私钥对的文件,但不能打开,如果用户想查看或使用文件中的公钥,可以使用另一个命令开关-p 来生成一个只包含公钥的文件,例如:

```
SN -p MyCompany.keys MyCompany.PublicKey
```

用来查看公钥文件的命令如下:

```
SN -tp MyCompany.PublicKeys
```

对于本例来说,文件 MyCompany.PublicKeys 的内容如图 18-26 所示。

图 18-26　文件 MyCompany.PublicKeys 的内容

可见,正如前面所讲,公钥很长,所以本文件还提供了一个将来真正交付给用户的公钥标记。

(3) 制作数字签名并发布公钥。数字签名的制作和公钥的发布都由编译器来完成,开发人员只需要把含有公钥/私钥对文件路径的特性 AssemblyKeyFile 加入程序集的源代码,然后对它进行编译即可。加入 AssemblyKeyFile 特性的方法如下:

```
[assembly: AssemblyKeyFile(@"D:\MyCompany.Keys")]
```

这样,编译器在对源文件进行编译时便会按照特性的指示,到 MyCompany.Keys 文件中提取私钥和公钥,使用私钥制作数字签名,而把公钥填入程序集清单。

对于本例来说,使用了特性 AssemblyKeyFile 的程序集源文件的示例代码如下:

```
//SimpleMath.cs
using System.Reflection;
[assembly: AssemblyKeyFile(@"D:\MyCompany.Keys")]
namespace MathLibrary
{
    public class SimpleMath
    {
        ...
    }
}
```

在本例中,如果按上述方法添加了特性 AssemblyKeyFile(),那么就可以重新将其编译成.dll 文件,而这个.dll 文件便是一个公有程序集。

为了查看程序集的变化，可以使用 ildasm 打开该程序集清单文件，在文件的 .assembly SimpleMath 项目便可以看到程序集多了一个公钥项.publickey，如图 18-27 所示。

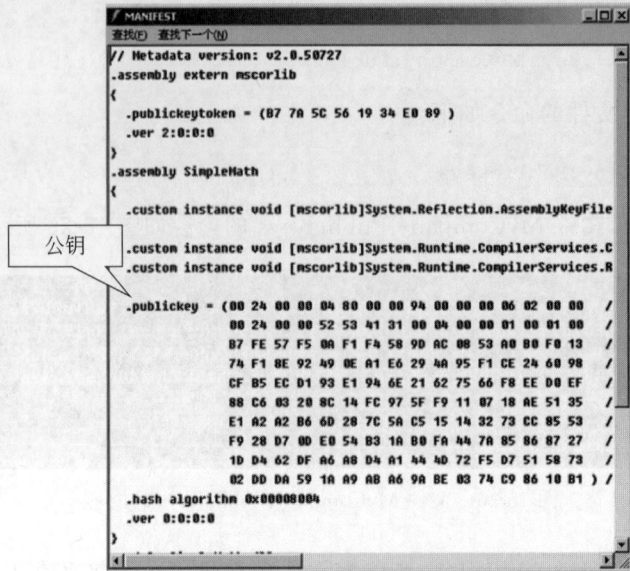

图 18-27　公钥项.publickey

4. 公有程序集的部署及引用

公有程序集的引用比较灵活，既可以采用公有部署也可以采用私有部署。如果部署到 GAC，那么就是公有部署；如果部署到用户程序集的目录或子目录，那么就是私有部署。

为了方便，.NET 提供了一个用于操作 GAC 的专用工具 GACUtil.exe。这也是公有程序集的部署工具，使用该工具向 GAC 部署公有程序集的命令为

```
>GACUtil /i sample.dll
```

其中参数/i 就是安装的意思。安装公有程序集 SimpleMath.dll 的命令为

```
>GACUtil /i SimpleMath.dll
```

在 Assembly 目录中使用上下文菜单中的"删除"选项可删除一个程序集。

使用 Windows 资源管理器打开 Assembly 文件夹即可以看到安装成功的 SimpleMath.dll。

5. 公有程序集的版本控制

众所周知，一个业已发布了的软件也经常会由于业务的变化而需要升级换代，这就意味着软件的开发者需要再发布一个名称相同而版本号不同的新产品。因此，随着时间的推移，市场上会出现同一种产品的多种版本。

对于私有程序集来说，版本号并不是特别重要，因为用户只要在用户程序的私有空间

用新版本覆盖旧版本就可以了。即由于用户掌握着版本控制权,所以一般不会出现安全问题。所以,对于私有程序集来说,甚至可以不使用版本号。

对于需要存放在公共目录 GAC 公有程序集中时就会出现麻烦。因为随着新版本的增加,GAC 中会出现多个版本的同名产品,所以极容易混乱。因此,公有程序集就必须在其清单中注明版本号,同时,为了防止错误引用,引用者也要明确指出其引用的软件的版本号,只有当两个版本号匹配时,系统才会允许两个程序集的链接。

一个程序集的版本号由 4 个部分组成,其格式如下:

```
<Major>.<Minor>.<Build>.<Revision>
```

其中参数说明如下。

Major:主版本号。

Minor:次版本号。

Build:建立版本号,也称为内部版本号。

Revision:修正版本号。

对于被引用的程序集来说,开发者必须在其软件代码中使用特性 AssemblyVersion 为自己开发的程序集指定版本号。

使用 AssemblyVersion 特性的格式如下:

```
[assembly: AssemblyVersion("<Major>.<Minor>.<Build>.<Revision>")]
```

版本号中的建立版本号和修正版本号也可以由编译器自动生成,这时只需用符号"＊"来表示这两个版本号即可。当编译器自动生成建立版本号和修正版本号时,编译器会把从 2000 年 1 月 1 日开始以来到编译时的天数作为建立版本号,而把从当地时间的午夜开始到编译时刻的秒数作为修正版本号,其目的就是确保新编译的程序集版本号有所更改,以防止因疏忽而与其他版本号重复。当然,在确信版本号不会重复的前提下,设计者也可以自行指定这 4 个值。

18.2.5　C# using 的 3 种使用方式

1. using 指令

using 命名空间名字。

例如:

```
using System;
```

这样可以在程序中直接用命令空间中的类型,而不必指定类型的详细命名空间。

2. 命名别名

为对象命名别名,其格式为

```
using 别名=包括详细命名空间信息的具体的类型
```

例如:

```
using aClass=NameSpace1.MyClass;
```

这种做法有个好处就是当同一个文件中引用了两个不同的命名空间,但两个命名空间都包括一个相同名字的类型时,当需要用到这个类型时,每个地方都要用详细命名空间的办法来区分这些相同名字的类型。而用别名的方法会更简洁,用到哪个类就给哪个类做别名声明就可以了。

3. using 语句块

定义一个范围,在范围结束时处理对象。

例如,当在某个代码段中使用了类的实例,而希望无论因为什么,只要离开了这个代码段就自动调用这个类实例的析构方法:

```
using (Class1 cls1=new Class1(), cls2 = new Class1())
{
    使用了 cls1 和 cls2 的代码
}
```

当语句块结束,遇到"}"时,cls1 和 cls2 即会被销毁。

第 19 章　C♯ 的几个重要机制与特性习题解答及阅读材料

19.1　习 题 解 答

19-1～19-3　略。

19-4　上网查找资料,学习加载程序集方法 Assembly.LoadFrom()的使用,并编写一个程序进行验证。

答:

(1) 准备目标程序集。将例 19-1 的 DplPlugin.dll 复制到 e: 目录下。

(2) 编写代码。程序代码如下:

```
using System;
using System.Reflection;                    //要包含此名字空间
namespace AsseExp
{
    public class prog
    {
        public static void Main(string[] args)
        {
            //以程序集弱名称加载程序集
            Assembly assembly= Assembly.LoadFrom("e:\\DplPlugin.dll");
            Console.WriteLine(assembly);    //输出结果
        }
    }
}
```

(3) 程序运行结果。程序结果如图 19-1 所示。

DplPlugin, Version=0.0.0.0, Culture=neutral, PublicKeyToken=null

图 19-1　习题 19-4 程序运行结果

这时,系统以强程序集名称形式显示了目标程序集 DplPlugin.dll。

19-5　上网查找资料,学习 Assembly 类型的 GetExportedTypes() 和 GetType() 两个实例方法,再利用第二个方法得到的 Type 对象去查看该类的属性成员。

答:

(1) 准备工作。在习题 19-4 中的 DplPlugin.cs 文件中添写代码:

```
using System;
using PluginInterface;
namespace PluginTest
{
    public class DplPlugin:IDplPlugin
    {
        public void Show(string name,int age)
        {
            Console.WriteLine("Name:{0}  Age:{1}",name,age);
            dsp("《三国演义》");
        }
        private void dsp(string s)
        {
            Console.WriteLine("来自;"+s);
        }
    }
    public class DplPlugin2:IDplPlugin
    {
        public void Show(string name,int age)
        {
        }
        private void dsp(string s)
        {
        }
    }
    public class Dpl1                              //类中写了两个属性
    {
        public string Name{get;set;}
        public int Age {get;set;}
        public void Show(string name,int age)
        {
        }
        private void dsp(string s)
        {
        }
    }
}
```

（2）在习题 19-4 的程序中增加如下代码：

```
Type[] types = assembly.GetExportedTypes();
foreach (Type type in types)
{
    Console.WriteLine(type.Name);
    Console.WriteLine(type.FullName+" "+type.BaseType+" 抽象类？"+type.
```

```
        IsAbstract);
}
Type t=assembly.GetType("PluginTest.Dpl1");
MemberInfo[] ms=t.GetProperties();
foreach (MemberInfo m in ms)
{
        Console.WriteLine(m.Name);
}
```

（3）程序运行结果。程序运行结果如图 19-2 所示。

```
DplPlugin
PluginTest.DplPlugin System.Object 抽象类？ False
DplPlugin2
PluginTest.DplPlugin2 System.Object 抽象类？ False
Dpl1
PluginTest.Dpl1 System.Object 抽象类？ False
Name
Age
```

图 19-2　习题 19-5 程序运行结果

19-6～19-13　略。

19-14　把主教材例 19-2 中 Obsolete 特性"（）"中的代码修改一下,看看有什么后果。

答：

（1）编写代码。修改后的代码如下：

```
using System;
public class AnyClass
{
    [Obsolete("这个方法已经老旧了!", false)]
    static void Old() {Console.WriteLine("Hello!"); }           //过时方法
    static void New() {Console.WriteLine("Good!"); }
    public static void Main(string[] args )
    {
        Old();                                                  //调用那个被声明为过时的方法
        New();
    }
}
```

（2）程序运行结果。程序运行结果如图 19-3 所示。

Exp19_2.cs(9,3): warning CS0618: "AnyClass.Old()"已过时:"这个方法已经老旧了！"

图 19-3　习题 19-14 程序运行结果

可见,构造方法参数的这个字符串被保存到 Obsolete 类对象的一个属性之中,当编译器编译时又把它读取并显示了出来,作为对程序设计者的一个提醒。由此可以知道,Obsolete 特性既是注释,又用类型名称和第二个参数影响了编译器的编译行为。

19-15　略。

19-16　编写一个能使用在类、方法、字段、属性前面的自定义特性。

答:

(1) 编写代码。程序代码如下:

```csharp
using System;
namespace AttributeTest
{
    [AttributeUsage(AttributeTargets.Class |AttributeTargets.Field |
        AttributeTargets.Method |AttributeTargets.Property)]
    //定义特性类
    class MyAttribute:Attribute
    {
        public MyAttribute()
        {
        }
    }
    //在类上使用特性
    [My]
    class BusinessA
    {
        [My]
        string s="程序运行成功,说明特性使用正确!";
        [My]
        int IntPram{get;set;}
        [My]
        public BusinessA(){ }
        [My]
        public void show()
        {
            Console.WriteLine(this.s);
        }
    }
    class Program
    {
        static void Main(string[] args)
        {
            BusinessA b=new BusinessA();
            b.show();
        }
    }
}
```

（2）程序运行结果。第一次运行结果如图 19-4 所示。

xiti16.cs(23,10): error CS0592: 特性"My"对此声明类型无效。它仅对"类,方法,属性、索引器,字段"声明有效。

图 19-4　习题 19-16 程序运行结果(1)

经检查发现特性错误地使用在了构造方法上,将其注释掉后,即代码变为

```
//[My]
public BusinessA(){ }
```

再编译运行程序,其结果如图 19-5 所示。

程序运行成功,说明特性使用正确!

图 19-5　习题 19-16 程序运行结果(2)

19-17　略。

19-18　设计一个 Product 类和一个 Company 特性,用特性中的属性 CompanyName 来说明 Product 的生产商名,从而可以使用户在运行期能获得生产厂商名。

答:

（1）制作 CompanyAttribute.dll。把 CompanyAttribute 单独写在一个源文件,并把它编译为一个 dll 组件。程序代码如下:

```
using System;
namespace MyAttribute
{
    public class CompanyAttribute : Attribute
    {
        public CompanyAttribute(string strName)
        {
            companyName=strName;
        }
        private string companyName;
        public string CompanyName
        {
            get
            {
                return companyName;
            }
        }
    }
}
```

（2）编写 Product 类的代码。为了简单,Product 是个空类。程序代码如下:

```
using System;
using MyAttribute;
namespace Pro
{
    [CompanyAttribute("大兴软件公司")]
    public class Product
    {
    }
}
```

把该源文件也编译成 dll 组件 Product.dll，但要引用组件 CompanyAttribute.dll。

(3) 编写用户程序代码。程序代码如下：

```
using System;
using System.Reflection;
using Pro;
using MyAttribute;
class Test
{
    public static void Main()
    {
        //获得 Product 的类信息
        Type tp=typeof(Product);
        MemberInfo info=tp;
        //创建 CompanyAttribute 特性类实例
        CompanyAttribute myAttribute=(CompanyAttribute)Attribute.
            GetCustomAttribute(info, typeof(CompanyAttribute));
        if (myAttribute != null)
        {
            //在运行时查看 Product 开发商的名称
            Console.WriteLine("公司名称: {0}",
                myAttribute.CompanyName);
        }
    }
}
```

(4) 程序的编译及运行。引用上面的两个组件 Product.dll 和 CompanyAttribute.dll 把 Test.cs 编译成 exe 程序集。程序的运行结果如图 19-6 所示。

```
E:\第 4 版\MFC教材（第 4 版）\19章\习题19-18>xiti19_18
公司名称: 大兴软件公司
```

图 19-6 习题 19-18 程序运行结果

可见，经过 CompanyAttribute 特性说明了的类可以通过反射获得生产商的名称。
那么这一切是怎么实现的呢？请使用 ildasm 打开 Product.dll，然后按 Ctrl＋M 组合

键打开 Product 类的元数据文件,在该文件中可以看到如下信息:

```
TypeDef #1 (02000002)
---------------------------------------------------------
    ...
CustomAttribute #1 (0c000003)
---------------------------------------------------------
    CustomAttribute Type: 0a000003
    CustomAttributeName:
    MyAttribute.CompanyAttribute :: instance void .ctor(class System.String)
    Length: 23
    Value : 01 00 12 e5 a4 a7 e5 85   b4 e8 bd af e4 bb b6 e5 >< : 85 ac e5 8f b8 00 00
                       >                      <
    ctor args: ("大兴软件公司")
```

从这段信息可以知道,编译器在对 Product.cs 编译时会按照[CompanyAttribute("大
兴软件公司")]的说明,把该类与类构造方法的参数(元数据中的 ctor args:("大兴软件
公司"))都作为元数据存放到被说明类的元数据表。于是,用户应用程序在运行期就可以
调用 GetCustomAttribute()方法来创建该类实例,并通过它来了解相关信息。

可见,从功能上来说,自定义特性就是一个被说明元素的"伴随类",或者说是一个"旁
类",利用它可以实现很多所需要的其他功能。

19-19 王同学、赵同学和肖同学都很有运动天赋,跑得快、跳得也高。现在要开运动
会了,编写一个能选择他们运动项目的自定义特性。即只要在他们的运动方法上标注了
这个特性,就会在程序的主方法中被选中执行。

答:

(1) 编写程序代码。这个题目需要用反射机制进行实现。程序代码如下:

```
using System;
using System.Collections.Generic;
using System.Reflection;
//自定义特性,属性或者类可用,支持继承
[AttributeUsage(AttributeTargets.Method          //可用于方法
    | AttributeTargets.Class)]                   //可用于类
public class Selected : Attribute                //定义特性
{
}
public interface IMovement                       //定义接口
{
    void Jump();
    void Run();
}

public class wangMovement:IMovement              //接口实现
{
```

```csharp
        [Selected]                                          //本实现类中标记了两个方法
        public void Jump()
        {
            Console.WriteLine("wang_Jump!");
        }
        [Selected]
        public void Run()
        {
            Console.WriteLine("wang_Run!");
        }
    }


    public class zhaoMovement:IMovement                      //接口实现
    {
        [Selected]                                          //本实现类中标记了一个方法
        public void Run()
        {
            Console.WriteLine("zhao_Run!");
        }
        public void Jump()
        {
            Console.WriteLine("Zhao_Jump!");
        }
    }


    public class xiaoMovement:IMovement                      //接口实现
    {

        public void Run()
        {
            Console.WriteLine("xiao_Run!");
        }
        [Selected]                                          //本实现类中标记了一个方法
        public void Jump()
        {
            Console.WriteLine("xiao_Jump!");
        }
    }


    class Program
    {
        static void Main(string[] args)
        {
            List<object> list=new List<object>(); //定义一个列表
```

```
wangMovement wangMovement=new wangMovement();
zhaoMovement zhaoMovement=new zhaoMovement();
xiaoMovement xiaoMovement=new xiaoMovement();
list.Add(wangMovement);                    //将上面定义的三个对象保存入列表
list.Add(zhaoMovement);
list.Add(xiaoMovement);
//使用反射技术筛选出被特性标注了的方法,筛选后运行
for(int i=0;i<list.Count;i++)
{
        System.Reflection.MethodInfo[] methodInfos=list[i].GetType().
GetMethods();

        foreach(var methodInfo in methodInfos)
        {
            foreach(var attribute in methodInfo.
                GetCustomAttributes(typeof(Selected),false))
            {                              //获得 Selected 特性
                Selected m=attribute as Selected;
                if (m != null)             //非空则调用方法
                {
                    methodInfo.Invoke(list[i], null);
                }
            }
        }
    }
    Console.ReadLine();
}
}
```

（2）程序运行结果。程序运行结果如图 19-7 所示。

```
wang_Jump!
wang_Run!
zhao_Run!
xiao_Jump!
```

图 19-7　习题 19-19 程序运行结果

从程序及其运行结果可知,使用特性并辅之以反射确实可以控制程序运行流程,从而
达到特殊效果。从编程实践来看,这种措施大多数都体现在程序框架的设计上。例如,
.NET 提供的 IOC(控制反转)框架就是这方面的典型代表。

19-20　上网查找预定义特性 DllImport 的使用方法,编一段调用 Windows 系统非托
管 COM 组件的程序。

答:

（1）编写代码。程序代码如下:

```
using System;
using System.Runtime.InteropServices;       //包含定义了特性 DllImport 的名字空间
namespace xiti19_20
{
    class MainClass
    {
        [DllImport("User32.dll")]
        public static extern int MessageBox( //定义了一个非托管组件
            int hParent, string msg, string caption, int type);
        static int Main()
        {
            return MessageBox(0, "这是一个对话框", " ", 0);
        }
    }
}
```

(2) 运行结果。程序运行结果如图 19-8 所示。

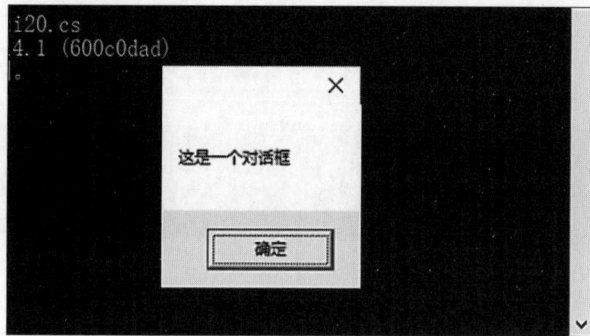

图 19-8　习题 19-20 程序运行结果

　　为了安全，C♯并不提倡调用属于非托管代码的 COM 组件。但为了兼容，.NET 预定义了特性 DllImportAttribute，从而可以使程序仍然引用 Windows 系统中的非托管代码。但要注意，如果不使用特性 DllImportAttribute 而调用了非托管代码，编译器会给出一个警告，如果用户不理会该警告，那么程序在执行时可能会出现一些不可预知的意外情况。对此，读者可自行实验。

19-21　略。

19-22　扩展方法适合应用在什么场合？下面是一个类代码：

```
public sealed class Fbclass
{
}
```

　　如果希望为这个类增加一个方法而采用扩展方法合适吗？为什么？如果合适，试为这个类设计一个静态方法。

答：

（1）编写程序代码。程序代码如下：

```
using System;
namespace xiti22
{
    class Programe
    {
        static void Main(string[] args)
        {
            Fbclass fbclss=new Fbclass();
            fbclss.Fexpand("扩展方法调用成功!");
        }
    }
    public sealed class Fbclass
    {
    }
    static class Fuzu
    {
        static public void Fexpand(this Fbclass fbcls,string s)
        {
            Console.WriteLine(s);
        }
    }
}
```

（2）程序运行结果。程序运行结果如图 19-9 所示。

扩展方法调用成功!

图 19-9　习题 19-22 程序运行结果

19-23　有如下数组：

```
int[] number={ 92, 9, 16, 28, 17 }
```

使用 Linq 查询表达式方式找出其中的偶数项。

答：

（1）编写代码。程序代码如下：

```
using System;
using System.Collections.Generic;
using System.Linq;
namespace xiti23
{
    class Program
    {
        static void Main(string[] args)
        {
            int[] number = { 92, 9, 16, 28, 17 };
```

```
            IEnumerable<int> lowNum = from n in number
            where   n%2==0
            select n;

            foreach(var val in lowNum)
            {
                Console.Write("{0} ", val);
            }
            Console.ReadKey();
        }
    }
}
```

（2）程序运行结果。程序运行结果如图 19-10 所示。

92 16 28

图 19-10   习题 19-23 程序运行结果

19-24   在上题的数组中查询大于 10 且小于 88 的元素。

答：

（1）编写程序代码。程序代码如下：

```
using System;
using System.Collections.Generic;
using System.Linq;
namespace xiti23
{
    class Program
    {
        static void Main(string[] args)
        {
            int[] number={ 92, 9, 16, 28, 17 };
            IEnumerable<int> lowNum=number.Where(x=>x<80&&x>10);
            foreach(var val in lowNum)
            {
                Console.Write("{0}  ", val);
            }
            Console.ReadKey();
        }
    }
}
```

（2）程序运行结果。程序运行结果如图 19-11 所示。

19-25   上网查找资料，然后编写一个查找程序，其查找目标是当前程序域的程序集有哪些类型实现了 IOutputArray 接口。要求使用程序域系统提供的 AppDomain.

```
16 28 17
```

图 19-11 习题 19-24 程序运行结果

CurrentDomain.GetAssemblies()方法并结合 Linq 查询。

答：

（1）编写程序代码。程序代码如下：

```
var types= AppDomain.CurrentDomain.GetAssemblies().SelectMany(a=>a.GetTypes().
    Where(t=>t.GetInterfaces().Contains(typeof(IOutputArray)))).ToArray();
foreach (var v in types)
{
    Console.WriteLine(v.Name);
}
```

（2）设计接口。程序代码如下：

```
using System;
namespace IAdd
{
    public interface IAddFunction
    {
        int intAdd(int x,int y);
    }
}
```

编译为 dll 程序集，命令为

```
>csc /t:library InterDll.cs
```

（3）实现类 Addint_1。程序代码如下：

```
using System;
using IAdd;
namespace AddFunction_1
{
    public class Addint_1:IAddFunction
    {
        public int intAdd(int x,int y)
        {
            return x+y;
        }
    }
}
```

编译为 dll 程序集，编译命令为

```
>csc /t:library /r:InterDll.dll AddFun_1.cs
```

（4）实现类。程序代码如下：

```
using System;
using IAdd;
namespace AddFunction_2
{
    public class Addint_2:IAddFunction
    {
        public int intAdd(int x,int y)
        {
            return x+y+100;
        }
    }
}
```

编译为 dll 程序集，编译命令为

```
>csc /t:library /r:InterDll.dll AddFun_2.cs
```

（5）主程序 xiti25。程序代码如下。

```
using System;
using System.Collections.Generic;
using System.Reflection;
using  System.Linq;
using IAdd;
namespace xiti25
{
    class Prog
    {
        static void Main(string[] args)
        {
            Assembly assembly1= Assembly.Load("AddFun_1");
            Assembly assembly2= Assembly.Load("AddFun_2");
            //Console.WriteLine(assembly);
            var types=AppDomain.CurrentDomain.GetAssemblies().SelectMany(a
              => a.GetTypes().Where(t=>t.GetInterfaces().Contains(typeof
              (IAddFunction)))).ToArray();
            foreach (var v in types)
            {
                Console.WriteLine(v.Name);
            }

            Type t1=types[0];
            var obj1=(IAddFunction)Activator.CreateInstance(t1);
            Console.WriteLine(obj1.intAdd(100,200));
```

```
            Type t2=types[1];
            var obj2=(IAddFunction)t2.InvokeMember(t2.ToString(),
                BindingFlags.CreateInstance, null, null, null);
            Console.WriteLine(t2.InvokeMember("intAdd", BindingFlags.
                InvokeMethod, null,obj2,new object[] {100,33}));
        }
    }
}
```

编译为程序集 exe,编译命令为

```
>csc /r:InterDll.dll xiti25.cs
```

(6) 程序运行结果。程序运行结果如图 19-12 所示。

图 19-12　习题 19-25 程序运行结果

(7) 补充学习材料:应用程序域。应用程序域是.NET Framework 中定义的一个概念。托管程序运行于.NET 虚拟机 CLR 之上,CLR 根据需要把其管控的资源分成一个个的逻辑分区,这个逻辑分区被称为应用程序域。通常情况下,一个运行着的.exe 程序集占用一个应用程序域,它们之间互不影响,从而让托管程序的安全性和健壮性得到了提升。

当 Windows 操作系统首次启动一个符合.NET 标准的用户程序集时,最先启动的是CLR,在这个过程中会初始化三个逻辑区域,最先是 SystemDomain 系统程序域,然后是SharedDomain 共享域,最后是用户程序集默认域。

系统程序域里维持着一些系统构建项,通过这些项可以监控并管理其他应用程序域。共享域存放着其他域都会访问的一些信息,当共享域初始化完毕后,会自动加载系统的mscorlib.dll 程序集至该共享域。默认程序域则是用户主程序集的运行场所,主程序集被加载到这里并执行程序入口 Main()方法,在一般情况下,所产生的一切资源耗费都发生在该域。

可以在代码中创建和卸载应用程序域,域与域之间有隔离性,挂掉 A 域不会影响到B 域,并且对于每个加载的程序集都要指定域,没有在代码中指定域的话,默认都是加载至默认域中。

因为本例要与一个外部程序集 AddFun_1.dll 打交道,要用到这个程序集中的类型,所以先要调用方法 Assembly.Load()把这个程序集加载到当前程序域,然后再调用AppDomain.CurrentDomain.GetAssemblies()取得当前程序域中的所有程序集对象。

当然,也可以用引用的方法使用外部程序集,即把两个程序集装配成了一个程序集。

把本例的代码修改一下,对上述两种方法都做一个实验,以加深体会。

先做加载法。首先把习题 19-25 的如下文件复制到一个文件夹,如图 19-13 所示。

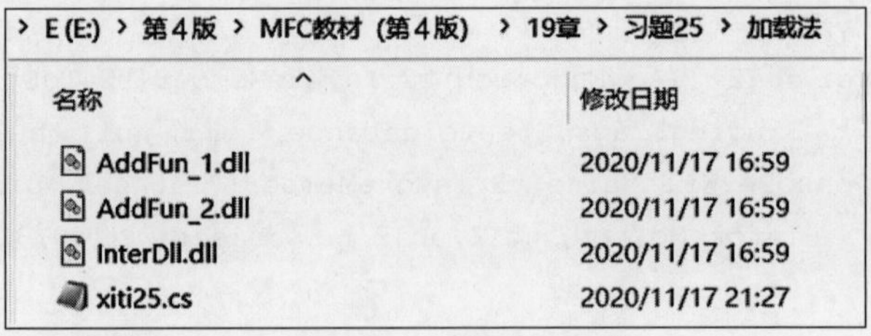

图 19-13　复制文件

把 xiti25.cs 文件中主方法中的第二句注释掉,代码如下:

```
static void Main(string[] args)
{
  Assembly assembly1= Assembly.Load("AddFun_1");
  //Assembly assembly2= Assembly.Load("AddFun_2");    注释掉
  //Console.WriteLine(assembly);                      注释掉
  var types=AppDomain.CurrentDomain.GetAssemblies().SelectMany(a => a.GetTypes().
     Where(t => t.GetInterfaces().Contains(typeof(IAddFunction)))).ToArray();
  foreach (var v in types)
  {
      Console.WriteLine(v.Name);
  }

  Type t1=types[0];
  var obj1=(IAddFunction)Activator.CreateInstance(t1);
  Console.WriteLine(obj1.intAdd(100,200));

  Type t2=types[1];
  var obj2=(IAddFunction)t2.InvokeMember(t2.ToString(),BindingFlags.
     CreateInstance, null, null, null);
  Console.WriteLine(t2.InvokeMember("intAdd", BindingFlags.InvokeMethod,
     null,obj2,new object[] {100,33}));
}
```

使用如下命令编译 xiti25.cs 文件:

```
>csc /r:InterDll.dll xiti25.cs
```

只引用了必须引用的接口 InterDll.dll。

运行程序后的结果如图 19-14 所示。

图 19-14　程序运行结果

可以看到,程序只能使用 Addint_1 类并创建了这个类对象,也调用了对象的加法方法。那么为什么看不到类 Addint_2 呢？因为没被加载。Addint_2 所在的程序 AddFun_2.dll 根本就没加载到程序集 xiti25.exe 所在程序域，所以当前程序域的 AppDomain.CurrentDomain.GetAssemblies()方法根本就没办法找到 AddFun_2.dll。

这个例子说明了两件事：一是两个程序集或多个程序集可以共用同一个程序域，从而可以资源共享；二是客户方要享用服务方法的服务，必须将服务程序集加载到客户程序的程序域。

下面再做第二个实验。

文件里的文件与第一个实验基本相同，xiti25.cs 代码改为

```
using System;
using IAdd;
using AddFunction_1;                        //引用 AddFunction_1 命名空间
using AddFunction_2;                        //引用 AddFunction_2 命名空间
namespace xiti25
{
    class Prog
    {
        static void Main(string[] args)
        {
            Addint_1 a1=new Addint_1();
            Console.WriteLine(a1.intAdd(100,200));
            Addint_2 a2=new Addint_2();
            Console.WriteLine(a2.intAdd(100,200));
        }
    }
}
```

改后的代码中不仅增加两条 using 指令，而且直接在程序中 new 对象类了。接下来使用如下命令编译 xiti25.cs 文件：

>csc /r:InterDll.dll,AddFun_1.dll,AddFun_2.dll xiti25.cs

程序运行结果如图 19-15 所示。

图 19-15　程序运行结果

从这个例子可知，当使用引用方式使用服务程序集时，实质上客户程序集和服务程序集已经组成了一个大程序集，尽管它们在物理上还是分立的。正因为引用使得它们成为一个逻辑上的程序集，那么当系统执行运行命令时是把它们作为一个整体加载到同一个程序集的。

19-26　编写程序，在程序中创建一个动态 ExpandoObject 类型对象并为其动态添加一个自定义方法（方法自定）。

答:

(1) 编写程序代码。程序代码如下:

```csharp
using System;
using System.Dynamic;
namespace xiti26
{
    class Program
    {
        static void Main(string[] args)
        {
            dynamic expand = new ExpandoObject();
            expand.Addint=(Func<int,int,int>)Add;
            Console.WriteLine("Addint()=" +expand.Addint(100,200));
            Console.Read();
        }
        //自定义方法
        static int Add(int x,int y)
        {
            return x+y;
        }
    }
}
```

(2) 程序运行结果。程序运行结果如图 19-16 所示。

Addint()=300

图 19-16　习题 19-26 程序运行结果

19-27　下面程序利用 Try 方法做了一个有意思的实验。仔细阅读和实验,把体会记录下来。

程序代码如下:

```csharp
using System;
using System.Dynamic;
namespace DuckType
{
    public class Programe
    {
        static void Main(string[] args)
        {
            var duck=new Duck();
            var dog=new Dog();
            Console.WriteLine(Force_make_Gaga(duck));
```

```csharp
            Console.WriteLine(Force_make_Gaga(dog));
            Console.ReadKey();
        }

        //迫使动物发声方法
        public static string Force_make_Gaga(dynamic animal)
        {
            //动态对象调用不存在的静态成员时会激活 TryInvokeMember()
            string result=animal.Gaga();          //如果方法不存在,返回值为 null
            return result ?? "好吧,俺也嘎嘎吧。";   //"不是鸭子的,当然不会嘎嘎喽";
        }
    }
    public class DynamicAnimal : DynamicObject
    {
        //重写的调用成员的方法,利用成员方法是否存在返回不同的返回值
        public override bool TryInvokeMember(InvokeMemberBinder binder, object
            [] args, out object result)
        {
            //调用基类的 TryInvokeMember()方法
            bool success=base.TryInvokeMember(
                binder, args, out result);
            //如果方法不存在,请将 result 这个 out 参数赋值为 null
            if (!success)
                result=null;
            //如果返回 false 将会引发异常
            return true;
        }
    }
    //建立两个类,分别为 Duck 和 Dog
    public class Duck : DynamicAnimal
    {
        public string Gaga()
        {
            return "鸭子嘛,是嘎嘎叫!";
        }
    }
    public class Dog : DynamicAnimal
    {
        public string Wang()
        {
            return "狗嘛,是汪汪叫!";
        }
    }
}
```

程序运行结果如图 19-17 所示。

图 19-17　习题 19-27 程序运行结果

答：这是一个测试 C♯ 是否具有动态性能的程序，采用的是所谓的"鸭子测试"法，即在运行期强迫一个不是鸭子的动物（这里是狗）发出鸭子的"嘎嘎"叫声，如果它能这么叫，那么 C♯ 就具有动态性，这是因为 C♯ 编写的对象可以在运行期（动态）改变自己的行为。

拓展阅读材料：鸭子类型（Duck Type）及 C♯ DLR 的作用。一种程序设计语言是否具有动态性，可以用这种语言能否编写出鸭子类型来判断，这种做法称为"鸭子测试"。

什么样子的类型是鸭子类型？人们是这么描述的："当看到一只鸟走起来像鸭子、游泳起来像鸭子、叫起来也像鸭子，那么这只鸟就可以被称为鸭子。"这句话意思是说，一只鸟（或其他什么对象）是不是鸭子不是看它是否属于鸭子类，而是看它动起来之后 是不是符合鸭子的行为特征。用比较学术的语言来说就是："如果一种语言定义的类的对象的有效语义不取决于其继承的特定类或实现的特定接口，而是由它当前所具有的方法和属性决定，那么这种语言就具有动态性。"

通过这个定义了鸭子和狗两个类型的习题可知，C♯ 通过了"鸭子测试"，因为当程序在运行时令狗也嘎嘎叫时，狗并没有因为它本没有这个功能而拒绝，而是说了句："好吧，俺也嘎嘎吧。"从而可以认为狗也像鸭子那样叫了起来，因而也就可以把它视为鸭子。即可以判定 C♯ 语言具有动态特性。

其实，C♯ 之所以能通过"鸭子测试"，是因为有 DLR 的存在，从而可以拦截并处理狗因为没有嘎嘎功能而引发的异常，并在异常处理方法中像鸭子一样叫了起来，这个异常拦截与处理方法就是 Try 方法。

19.2　阅 读 材 料

19.2.1　反射机制补充阅读材料

1. 与 System.Type 配套的容器类

为配合 Type 的反射工作，.NET 在 System.Reflection 中声明了一系列容器类，例如，存放字段信息的类 FieldInfo、存放方法信息的类 MethodInfo、存放属性信息的类 PropertyInfo、存放构造方法信息的类 ConstructorInfo 等。这些容器类对象不仅可以用来存放目标类的一些专门信息，还提供了对这信息进行处理的相应方法。

当程序希望获取类成员信息时，必须事先准备好相关的容器，以便存储和使用这些信息。例如，如下代码片段：

```
Type t=typeof(Grt);
MethodInfo[] meArr=t.GetMethods();          //将方法信息保存到 MethodInfo 容器
```

下面是一个以下面定义的 Grt 为目标类，利用 Type 和 System.Reflection 提供的相关容器类对象来获得并保存 Grt 类的字段、方法、属性的名称，最后在显示器上显示它们。

（1）Grt 类代码：

```
//GrtModule 代码
using System;
namespace Greeting
{
    public class Grt
    {
        //以下定义了 3 个公有方法
        public void greeting1()
        {
            Console.WriteLine("Hello!");
        }
        public void greeting2()
        {
        }
        public void greeting3()
        {
        }
        //以下定义了两个属性
        public String sString1{get;set;}
        public String sString2{get;set;}
    }
}
```

（2）测试程序代码：

```
using System;
using System.Reflection;
using Greeting;
namespace App
{
    class AppClass
    {
        static void Main(string[] args)
        {
            Type t=typeof(Grt);
            //显示所有的公有方法
            MethodInfo[] meArr=t.GetMethods();
            Console.WriteLine("公有方法:");
            foreach (MethodInfo me in meArr)
            {
                Console.Write(" {0}",me.Name);
```

```
        }
        Console.WriteLine();
        //显示所有属性
        PropertyInfo[] piArr = t.GetProperties();
        Console.WriteLine("所有属性:");
        foreach (PropertyInfo pi in piArr)
        {
            Console.WriteLine(pi.Name);
        }
    }
    }
}
```

.NET 还认为,一旦程序需要使用 GetMethods()、GetFields()、GetProperties()等方法,那就意味着这可能不只是一个简单的元数据读取,极有可能程序还会有更进一步的行为,所以为了使用户在获得了类成员信息之后还能够根据这些信息进一步进行相关操作,于是在这些容器类中又为用户提供了相应的操作方法,例如,调用对象方法的 Invoke()等。

2. 类信息的过滤和搜索

众所周知,即使是同一种类成员(如方法),也会因它们还有相应的修饰符而使它们有所区别,为了能按照这些区别来获取相关的类成员信息,Type 类允许在提取目标类信息时使用过滤条件。

为了有选择地读取所需数据,.NET 提供了一个枚举 BindingFlags,其部分代码如下:

```
public enum BindingFlags
{
    ...
    Static=8,
    Public=16,
    NonPublic=32,
    ...
    IgnoreReturn=16777216,
}
```

在容器类的获取目标类成员方法中都含有 BindingFlags 类型参数的重载方法,例如,MethodInfo 容器的 GetMethod()方法:

```
public MethodInfo GetMethod(string name, BindingFlags bindingAttr);
```

其中,第二个参数 bindingAttr 就要求为 BindingFlags 类型,因此用户可以在调用 GetMethod()方法时,利用这个枚举中的某个域或多个域的组合作为参数来指定所需查找的信息。

本示例有一个 FilterClass 类,该类有一个实例方法和两个静态方法,下面的程序使用过滤器获得了 FilterClass 类的静态方法名称。

（1）Filter 类代码：

```
namespace Filter
{
    public class FilterClass
    {
        public void Method1()
        {}
        public static void StaticMethod1()
        {}
        public static void StaticMethod2()
        {}
    }
}
```

（2）UserApp 代码：

```
using System;
using System.Reflection;
using Filter;
namespace App
{
    class AppClass
    {
        static void Main(string[] args)
        {
            Type t=typeof(FilterClass);
            MethodInfo[] mis=t.GetMethods(
                BindingFlags.Public |        //获取公有方法
                BindingFlags.Static);        //获取静态方法
            Console.WriteLine("Static 方法_____");
            foreach (MethodInfo me in mis)
            {
                Console.Write(" {0}",me.Name);
            }
        }
    }
}
```

搜索与过滤非常类似，其不同之处在于搜索是通过 System.Type 的一个抽象的方法 FindMembers() 来实现的。

以下示例程序在一个定义了 3 个字段（两个私有的和一个公有的）的类 FindClass 中搜索了私有字段并显示了它们。

（1）FindClass 代码：

```
namespace Find
```

```
{
    public class FindClass
    {
        private int myPrvField1=15;
        private string myPrvField2="Some private field";
        public decimal myPubField1=1.03m;
    }
}
```

（2）UserApp 代码：

```
using System;
using System.Reflection;
using Find;
namespace App
{
    class AppClass
    {
        static void Main(string[] args)
        {
            FieldInfo fi;
            FindClass f=new FindClass();
            MemberInfo[] memInfo=f.GetType().FindMembers(MemberTypes.Field,
                BindingFlags.NonPublic | BindingFlags.Instance,null,null);
            foreach(MemberInfo m in memInfo)
            {
                fi=m as FieldInfo;
                if (fi != null)
                {
                    Console.WriteLine("{0} of value:{1}",fi.Name,fi.GetValue(f));
                }
            }
        }
    }
}
```

3. 目标类对象的创建及其方法调用

在学习 MFC 的类信息表时就知道，程序可以使用该表提供的工厂方法来动态创建对象。作为同是微软公司产品的.NET，理所当然地继承了这份技术遗产，但它没有把这个功能封装于 Type，而是另行封装在了一个称为 System.Activator 的类中，该类的功能就是根据目标类名来创建对象。这个类重载了一系列用于创建目标类对象的 CreateInstance()方法，其中最常用的方法如下：

```
static object CreateInstance(Type type, params object[] args);
```

本方法共需两个参数 type 和 args。前者为目标类的 Type 对象引用；后者为提供给

目标类构造方法的 object[] 型参数。该方法的返回值即为所创建的目标类对象 Object
型引用。

利用 CreateInstance() 创建一个目标类对象的代码片段如下：

```
//获取目标类的 Type 对象引用
Type t=Type.GetType("TestSpace.TestClass");
//为创建对象的构造方法准备参数
object[] constuctParms = new object[]{"王林"};
//调用 CreateInstance()创建目标类对象
object dObj=Activator.CreateInstance(t,constuctParms);
```

从上面创建目标类对象的代码中可以看到，自 CreateInstance() 方法获得的引用为
Object 型，因此不能直接通过这个对象来调用对象方法。所以，用户先需要利用 Type 的
GetMethod() 把待调用方法信息提取到 MethodInfo 对象，然后再调用 MethodInfo 的实
例方法 Invoke() 来调用方法。

常用的 Invoke() 方法为

```
public object Invoke(object obj, object[] parameters);
```

其中，参数 obj 为目标对象的引用；参数 parameters 为传递给待调用方法的实参；其返回
值则为一个 object 型对象引用。注意，它们的类型均为 object。

使用 Invoke() 调用目标对象方法的代码片段如下：

```
//提取待调用方法信息,参数中的 GetValue 为待调用方法名称
MethodInfo method=t.GetMethod("GetValue");
//为调用 GetValue 方法准备参数
object[] parameters=new object[]{"Hello"};
//调用方法,用一个 object 对象引用接收返回值
object returnValue=method.Invoke(dObj, parameters);
```

下面是一个含有类 TestClass 的程序，TestClass 类包含一个有参数的构造方法，一
个 GetValue() 方法和一个 Value 属性。程序中利用了反射机制以 TestClass 为目标类创
建了对象并调用了方法 GetValue()。

（1）TestClass 代码：

```
namespace TestSpace
{
    public class TestClass
    {
        //属性字段
        private string _value;
        //构造方法
        public TestClass()
        {
        }
```

```
        //构造方法
        public TestClass(string value)
        {
            _value=value;
        }
        //方法
        public string GetValue( string s1,string s2 )
        {
            if ( _value==null )
                return "NULL";
            else
                return s1+s2+_value;
        }
        //属性方法
        public string Value
        {
            set
            {
                _value=value;
            }
            get
            {
                if ( _value==null )
                    return "NULL";
                else
                    return _value;
            }
        }
    }
}
```

（2）测试程序代码：

```
using System;
using System.Reflection;
namespace UserApp
{
    public class TestApp
    {
        static void Main(String[] args)
        {
            //获取目标类信息
            Type t=Type.GetType("TestSpace.TestClass");
            //为创建对象的构造方法准备参数
            object[] constuctParms=new object[]{"王林"};
```

```
//根据类信息创建对象
object dObj=Activator.CreateInstance(t,constuctParms);
//获取 GetValue()方法信息
MethodInfo method=t.GetMethod("GetValue");
//为调用 GetValue()方法准备参数
object[] parameters=new object[2];
parameters[0]="Hello!";
parameters[1]="您好,";
//调用 Invoke()方法类调用 GetValue()方法
object returnValue=method.Invoke(dObj, parameters);
Console.WriteLine(returnValue.ToString());
//调用 InvokeMember()来调用 GetValue()方法
object result=t.InvokeMember ("GetValue",BindingFlags.
    InvokeMethod,null, dObj, parameters);
Console.WriteLine (result.ToString ());
        }
    }
}
```

注意,在本程序中对 TestClass 类的 GetValue()方法共进行了两次调用,第一次使用了 MethodInfo 类的 Invoke( ),第二次使用了 Type 的 InvokeMember( )。其中的 InvokeMember()是另一个可以调用目标对象方法的方法,它不同于 Invoke( ),它属于 Type 类,它不像 Invoke()方法那样事先已通过 MethodInfo 对象与被调用方法进行了关联,所以 InvokeMember()必须使用多达 5 个参数才能唯一地来确定被调用方法。

对 InvokeMember()的 5 个参数说明如下。

- 第 1 个参数为字符串,是被调用成员的名字。
- 第 2 个参数为 BindingFlags 枚举类型。BindingFlags 枚举指定控制绑定和搜索标志。
- 第 3 个参数是一个定义了一系列属性的并允许对其绑定的 Binder 对象。用户可以使用该参数来直接控制选择重载方法的方式并对参数进行类型转换。通常为 null。
- 第 4 个参数表示被调用方法的所属对象。
- 第 5 个参数为待传递给被调用方法的参数数组。

因为 InvokeMember()比较麻烦,所以它的实际应用较少。

19.2.2 反射机制中的 Assembly 类

当使用反射时,常常需要先获取程序集的元数据,然后再在其中寻找感兴趣的类。为此,.NET 提供了可以获取程序集清单信息的 System.Reflection.Assembly 类。

1. Assembly 对象的创建方法 1

为了获取程序集的相关信息,首先要获得一个 Assembly 的对象引用,为此,类 Assembly 提供了一系列重载的 Load()方法,其中常用的两个方法如下:

```
public static Assembly Load(string);
public static Assembly LoadFrom(string);
```

其中，Assembly.Load()方法需要一个字符串类型的参数，该参数表示待要加载的程序集的名称。例如：

```
Assembly myAssembly = Assembly.Load("System.Drawing");
```

Assembly.LoadFrom()方法以类似的方式工作，但是这个方法需要传递一个包含.NET程序集路径和名字的字符串类型的参数，具体如下：

```
string path= @"C:\WINNT\Microsoft.NET\Framework\v1.1.4322\System.Drawing.
    dll";
Assembly myAssembly=Assembly.LoadFrom(path);
```

从上述两个方法的名称中就可以看出，这两个方法都会引发程序集加载操作。如果目标程序集被成功加载，那么接下来便可以用下面的代码来查看程序集中包含的类型：

```
Assembly a=Assembly.LoadFrom(assemblyName);    //加载程序集并获取其信息
Type[] types=a.GetTypes();                     //获取程序集中所有类信息
foreach(Type t in types)
{
    ...                                        //显示 t.Name 等
}
```

注意，利用程序集来获取类信息的方法为 GetTypes()，与前面所讲的 GetType()相比，方法名的后面多了一个字符"s"。

下面是一个应用 Assembly 对象查看当前程序集中类型的示例。

（1）源文件 Hello.cs 的代码：

```
using System;
namespace ReflectionDemo
{
    public class HelloWorld
    {
        private string strName=null;
        public HelloWorld(string name)
        {
            strName=name;
        }
        public HelloWorld()
        {
        }
        public string Name
        {
            get
            {
```

```
            return strName;
        }
    }
    public void SayHello()
    {
        if (strName==null)
        {
            System.Console.WriteLine("Hello World");
        }
        else
        {
            System.Console.WriteLine("Hello World,"+strName);
        }
    }
}
```

（2）源文件 ReflectionDemo 的代码：

```
using System;
using System.Reflection;
namespace ReflectionDemo
{
    class Program
    {
        static void Main(string[] args)
        {
            //加载当前程序集 Test.exe
            Assembly a=Assembly.LoadFrom ("Test.exe");
            Type[] types=a.GetTypes();
            System.Console.WriteLine("列出程序集中的所有类");
            foreach (Type t in types)
            {
                System.Console.WriteLine ( t.Name );
            }
            System.Console.WriteLine ("列出 HellWord 中的所有方法" );
            Type ht = typeof(HelloWorld);
            MethodInfo[] mif = ht.GetMethods();
            foreach(MethodInfo mf in mif)
            {
                System.Console.WriteLine(mf.Name);
            }
        }
    }
}
```

2. Assembly 对象的创建方法 2

Type 类配有属性 Assembly,因此,程序也可以通过目标类的 Type 对象来获取目标类所属的 Assembly 对象引用,具体如下:

```
Assembly otherAssembly = typeof(目标类名).Assembly;
```

当然,也可以按照如下方法来获得属性 Assembly:

```
DataTable dt=new DataTable();
Assembly otherAssembly=dt.GetType().Assembly;
```

其中,DataTable 为目标类名。

19.2.3 特性的应用(一)——C# IOC 框架 MEF

主教材中已经提及,软件模块之间配合的难点在于它们之间的解耦。常用的解耦手段就是使用接口,只要遵守接口契约,程序集间的耦合强度便会大大弱化。依赖注入(DI)和控制反转(IOC)都是面向接口设计中的基本手法。因这是软件设计中的共性问题,所以创建一个通用 IOC 框架也就成了当然之选。

适用于 C♯程序的 MEF 便是一个 IOC 框架。先看 MSDN 上面的解释:MEF(managed extensibility framework)是一个轻型应用程序库,用于支持创建可扩展程序。应用程序开发人员可利用该库扩展应用程序,而无须进行特殊配置。扩展开发人员还可以利用该库轻松地封装代码,避免生成脆弱的硬依赖项。通过 MEF 不仅可以在应用程序内重用扩展,还可以在应用程序之间重用扩展。其实就是一句话:设计人员可以借助 MEF 的帮助轻松地对软件模块进行满足解耦要求的装配。

可装配的软件必须具有输出项和输入点。输出项就是那些可以供其他软件依赖的程序元素,输入点则是用来承接其他软件输出项的程序元素。

为了理解上述概念,先看一段代码:

```
//汽车类
class Car
{
    //属性 engine 将由 Engine 类对象赋值
    public Engine engine { set; get; }
}
//发动机类
class Engine
{
}
class Program
{
    public Car car { get; set; }              //属性 car 需要 Car 类对象赋值
    //Main()把程序所需部件进行了装配
    static void Main(string[] args)
```

```
    {
        Program p = new Program();
        p.car = new Car();
        p.car.engine=new Engine();
    }
}
```

这里的 Engine 类对象就是软件的输出项,而 Car 类对象的属性 engine 依赖于 Engine 类对象,则是 Car 模块的输入点。可以看出,程序要素的依赖关系决定了输出项和输入点。最后在 Main()方法中进行了软件的装配。

与上述做法一样,MEF 也使用 Main()来充当装配工,部件的组装任务会在它那里完成。但是,MEF 需要程序员使用特性标签在程序模块上指明输入点和输出项,而且特性标签必须使用接口信息来描述输出项和输入点,目的就是强迫程序员必须面向接口编程。

MEF 的使用非常简单,首先在 Visual Studio 开发环境中为需要使用 MEF 的每个工程按如图 19-18 所示那样引用 MEF,并在源文件中引用命名空间 System.ComponentModel. Composition。

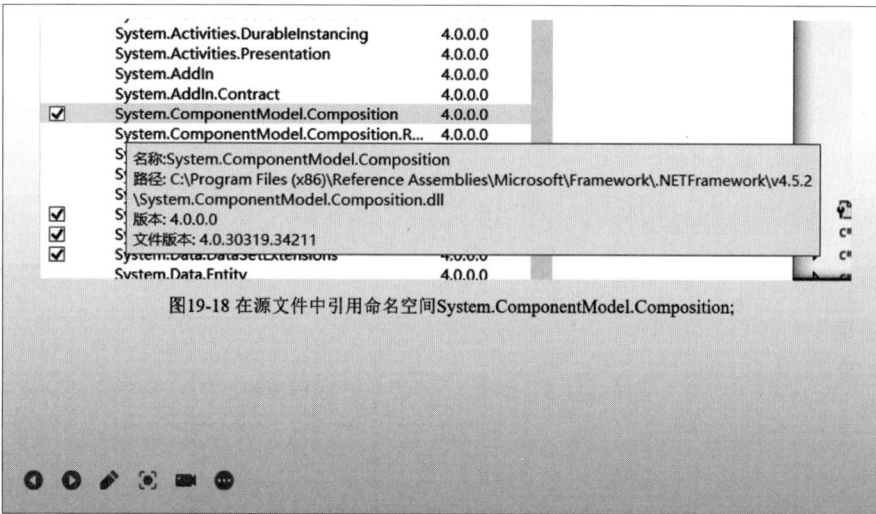

图19-18 在源文件中引用命名空间System.ComponentModel.Composition;

图 19-18   在源文件中引用命名空间 System.ComponentModel.Composition

接下来,按照 MEF 的规则为选中的输出项和输入点贴特性标签。输入点的特性标签为[Import],输出项的标签为[Export(×××)]。

对于上例,贴了标签的 Engine 类代码如下:

```
using System;
using System.ComponentModel.Composition;
using IntEngine;
[Export(typeof(IEngine))]                    //声明该类为输出项(注意要使用接口名)
public class Engine : IEngine
{
```

```
        public void Play()
        {
            Console.WriteLine("轰轰轰<<<<<<<<");
        }
    }
```

特性［Export(typeof(IEngine))］标注的输出项为一个接口 IEngine 实现类对象。
接口 IEngine 的代码如下：

```
namespace IntEngine
{
    //发动机接口
    public interface IEngine
    {
        void Play();
    }
}
```

接口 ICar 和其实现 Car 类的代码如下：

```
//接口
namespace IntCar
{
    public interface ICar
    {
        void TurnOn();
    }
}
//实现类
using System;
using System.ComponentModel.Composition;
using IntEngine;
using IntCar;
namespace Carr
{
    [Export(typeof(ICar))]                    //声明该类(接口名)为输出项
    public class Car:ICar
    {
        [Import]                              //以属性 engine 为输入点(属性注入方式)
        public IEngine engine{ get; set; }
        public void TurnOn()
        {
            engine.Play();
            Console.WriteLine("发动机不错   ");
        }
    }
}
```

Car 类既有输出项也有输入点。特性[Export(typeof(ICar))]标注了输出项：Car 类对象。特性[Import]标注属性 engine 为输入点。

在输出项的特性中必须标注输出类型，而输入点特性则可不必，因为 MEF 是从输入点开始查找配对输出项的，从输入点的类型可以推导出待要查找特性的类型。

主程序代码如下：

```
using System;
using System.ComponentModel.Composition;
using System.Reflection;
using System.ComponentModel.Composition.Hosting;
using IntCar;
namespace MEFAmp
{
    class Program
    {
        [Import]                            //以属性 car 为输入点
        public ICar car { get; set; }
        static void Main(string[] args)
        {
            Program p=new Program();
            p.GoComp();                     //进行组件的组合匹配
            p.car.TurnOn();
            Console.Read();
        }
        //组合匹配方法
        public void GoComp()
        {
            //创建对象目录
            AggregateCatalog catalog=new AggregateCatalog();
            //在当前路径下查找部件
            catalog.Catalogs.Add(new DirectoryCatalog(Directory.
                GetCurrentDirectory()));
            //创建容器
            CompositionContainer container=new CompositionContainer(catalog);
            //聚合对象
            container.ComposeParts(this);
        }
    }
}
```

在编译时，所有文件都按照需要独立编译成 dll 或 exe 程序集，但一定要注意引用应该引用的接口。

如果使用命令行终端编译上例程序文件，把 IntEngine.cs 文件编译为 IntEngine.dll 文件的命令如下：

```
>csc /t:library IntEngine.cs
```

把 IntCar.cs 文件编译为 IntCar.dll 文件的命令：

```
>csc /t:library IntCar.cs
```

把 Engine.cs 编译为 Engine.dll 的命令：

```
>csc /t:library /r:IntEngine.dll,System.ComponentModel.Composition.dll
    Engine.cs
```

把 Car.cs 编译为 Car.dll 的命令：

```
>csc /t:library /r:IntEngine.dll,System.ComponentModel.Composition.dll,
    IntCar.dll Car.cs
```

把 MEFSamp_1.cs 编译为 MEFSamp_1.exe 的命令：

```
>csc /r:System.ComponentModel.Composition.dll,IntCar.dll MEFSamp_1.cs
```

最后执行 exe 程序，其运行结果如图 19-19 所示。

从上例可以看到，除了主方法中有一个 new 语句之外，整个程序不再需要 new 语句，这些工作都在方法 GoComp() 中由 MEF 框架完成了。

轰轰轰＜＜＜＜＜＜＜＜＜
发动机不错

图 19-19　程序运行结果

MEF 在完成组装工作时需要一个目录 (catalog) 对象和一个组合容器 (CompositionContainer) 对象。

目录 catalog 用于发现组件，容器 container 用于协调创建和梳理组件之间的依赖关系。最后容器的方法 container.ComposeParts(this) 把各个组件组装起来。本例传递给这个方法的实参为本对象 (Program 对象)，因为连接组件的工作要从这里开始。

本例 GoComp() 方法中的部件聚合方案是 MEF 给出的诸多方案中最常用的一个，其他方案请读者自行查阅其他资料。

为了提高匹配效率，MEF 允许在特性标签中使用契约名，名字只要不与其他 .dll 中的契约名冲突即可。契约名实质上就是特性构造方法中的定位参数，例如：

```
[Import("Name")]                          //带有契约名"Name"的输入点特性
[Export("Name",typeof(Car)]               //带有契约名"Name"的输出项特性
```

如果输出项的特性只有契约名而没有指定类型，则其默认的导出类型将是 object 类型，可能会出现错误。

使用了带有契约名的特性之后，上例的程序代码如下：

发动机类：

```
using System;
using System.ComponentModel.Composition;
using IntEngine;
[Export("MyEngine",typeof(IEngine))]      //声明该类为导出项
public class Engine : IEngine
```

```
{
    public void Play()
    {
        Console.WriteLine("轰轰轰<<<<<<<<");
    }
}
```

汽车类：

```
using System;
using System.ComponentModel.Composition;
using IntEngine;
using IntCar;
namespace Carr
{
    [Export("MyCar",typeof(ICar))]          //声明该类为导出项
    public class Car:ICar
    {
        [Import("MyEngine")]                //以属性 engine 为导入点(属性注入)
        public IEngine engine{ get; set; }
        public void TurnOn()
        {
            engine.Play();
            Console.WriteLine("发动机不错   ");
        }
    }
}
```

Program 类：

```
using System;
using System.ComponentModel.Composition;
using System.Reflection;
using System.IO;
using System.ComponentModel.Composition.Hosting;
using IntCar;
namespace MEFAmp
{
    class Program
    {
        [Import("MyCar")]                   //以属性 car 为输入点
        public ICar car { get; set; }
        static void Main(string[] args)
        {
            Program p=new Program();
            p.GoComp();                     //进行组件的组合匹配
```

```
            p.car.TurnOn();
            Console.Read();
        }
        //组合匹配方法
        public void GoComp()
        {
            //创建对象目录
            AggregateCatalog catalog=new AggregateCatalog();
            //在当前路径下查找部件
            catalog.Catalogs.Add(new DirectoryCatalog(Directory.
                GetCurrentDirectory()));
            //创建容器
            CompositionContainer container=new CompositionContainer(catalog);
            //聚合对象
            container.ComposeParts(this);
        }
    }
}
```

作为一个深受欢迎的框架,MEF 还有许多细节需要介绍,但限于本书宗旨,只能简介到此。

19.2.4 特性的应用(二)——AOP 框架 PostSharp

首先介绍一下(Aspect-Oriented Programming,面向切面编程)中关注点的概念。从编程的角度说,关注点是一种在程序流程中的非业务逻辑,它具有以下 3 个特点。

(1) 独立于业务逻辑。

(2) 几乎所有程序中都需要。

(3) 代码雷同,具有通用性,如异常处理、日志的记录等。

如果把所有带有关注点的程序放到一起来看,那么相对于纵向的程序流程,这些关注点就形成了一个面,或者说,这些非业务逻辑就像一个横向面那样切入了纵向的程序流程中,于是人们形象地称之为"切面"。

说得直白一些,切面就是很多程序在流程中某位置上的一些共同需求。

这种切面的存在,常常导致程序员不得不耗费大量的时间和精力在不同的程序中写相同的代码。虽然也可以用方法调用来解决这个问题,但这些非业务代码与业务代码搅和在一起会使代码维护性变得很差。

那么这些非业务代码是否能委托给另外的对象来处理呢?答案是肯定的,解决这种问题的办法就是 AOP,即由一个对象来专门处理切面问题,哪个程序有需求就把这种对象插入进去。显然,做这种事是特性的特长,于是 PostSharp 框架就诞生了,它以特性为工具解决了面向切面编程的问题。

PostSharp 的官方网站为 https://www.postsharp.net/,在这里可以获得免费的或收费的软件。PostSharp 的安装很简单,依其流程照做即可。安装后,打开 keygen,生成

License。然后在 Visual Studio 中右击，从弹出的快捷菜单中选中"项目"|"添加"|PostSharp to project 选项，如图 19-20 所示。接下来便可以用 PostSharp 来编写 AOP 的应用了。

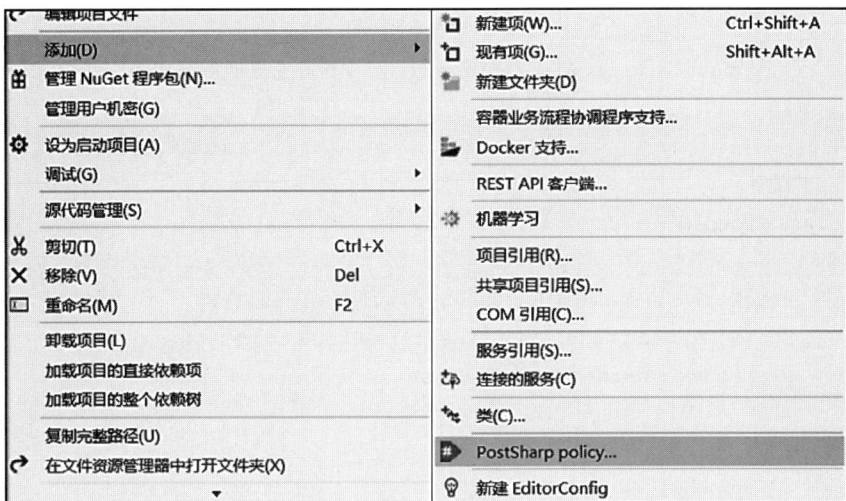

	编辑项目文件	新建项(W)...	Ctrl+Shift+A
	添加(D) ▶	现有项(G)...	Shift+Alt+A
	管理 NuGet 程序包(N)...	新建文件夹(D)	
	管理用户机密(G)	容器业务流程协调程序支持...	
	设为启动项目(A)	Docker 支持...	
	调试(G) ▶	REST API 客户端...	
	源代码管理(S) ▶	机器学习	
	剪切(T) Ctrl+X	项目引用(R)...	
	移除(V) Del	共享项目引用(S)...	
	重命名(M) F2	COM 引用(C)...	
	卸载项目(L)	服务引用(S)...	
	加载项目的直接依赖项	连接的服务(C)	
	加载项目的整个依赖树	类(C)...	
	复制完整路径(U)	PostSharp policy...	
	在文件资源管理器中打开文件夹(X)	新建 EditorConfig	

图 19-20　PostSharp 的安装

下面是一个 PostSharp 应用示例。本例定义了两个用于完成业务逻辑的类，并各自定义了一个业务逻辑方法，按照程序需求，在业务逻辑方法前后各需要插入一段通用非业务逻辑代码。为实现非业务代码的插入，再编写一个 PostSharp 通用特性，然后在程序中使用这个特性实现通用代码的插入。

示例程序代码如下：

```
using System;
using PostSharp.Aspects;
namespace ConsoleApp1
{
    //定义特性类
    [Serializable]                          //此特性是 PostSharp 要求的
    //自定义特性的设置
    [AttributeUsage(AttributeTargets.Method,AllowMultiple = false, Inherited=
        true)]
    //本特性继承自 PostSharp 定义的 OnMethodBoundaryAspect
    public class LogAttribute : OnMethodBoundaryAspect
    {
        //属性 ActionName 将由特性的参数赋值
        public string ActionName{ get; set; }
        //重写基类虚方法 OnEntry(),本方法将插在被特性标记的业务方法前
        public override void OnEntry(
            MethodExecutionArgs eventArgs)
        {
```

```
        Console.WriteLine(ActionName + "核心业务的前通用操作");
    }
    //重写基类虚方法 OnExit(),本方法将插在被特性标记的业务方法后
    public override void OnExit(MethodExecutionArgs eventArgs)
    {
        Console.WriteLine(ActionName + "核心业务的后通用操作");
    }
}
//主程序
class Program
{
    static MyBusiness myBusiness=new MyBusiness();
    static YouBusiness youBusiness=new YouBusiness();
    static void Main(string[] args)
    {
        myBusiness.MyWork();
        youBusiness.YouWork();
        Console.Read();
    }
}
//业务代码 1
class MyBusiness
{
    [Log(ActionName="MyWork")]          //特性标记
    public void MyWork()
    {
        Console.WriteLine("===========执行 MyWork()==========");
    }
}
//业务代码 2
class YouBusiness
{
    [Log(ActionName="YouWork")]          //特性标记
    public void YouWork()
    {
        Console.WriteLine("==========执行 YouWork(==========");
    }
}
}
```

程序运行结果如图 19-21 所示。

有关插件 PostSharp 的更多内容可参阅其他文献。

this 对静态方法无意义。

但凡事都有例外，C♯的扩展方法便是例外。

4. 扩展方法定义格式

在出现扩展方法之前，C♯的每个方法都和声明它的类关联，这导致了一个结果，当某个类需要扩展功能但又不能通过添加方法或继承方式来实现时，人们只能把这个类的实例作为实参传递到其他方法中来实现所期望的功能。那么这个方法放到哪里合适呢？思来想去，这个用于功能扩展的方法只能设置在静态类，因为 C♯ 这种完全面向对象的语言规定方法必须被封装于一个类中。

例如，有 DataCal 类如下：

```
sealed class DataCal
{
    public double Dat1{get;set;}
    public double Dat2{get;set;}
    public double Dat3{get;set;}

    public double Sum()
    {
        return Dat1+Dat2+Dat3;
    }
}
```

假设它需要再增加一个功能：将 3 个数据的和乘以 2。由于这个类已经被设计成最终类或者干脆就没办法获得它的源代码，以普通方式增加新的方法已无可能。这时就可以设计一个静态类来救急，即在该类中设计可以接受 DataCal 的实例作为参数方法来实现新的功能。代码如下：

```
static class ExtDataCal
{
    public static double Mul(DataCal dc)      //其参数为待扩展功能类的类型
    {
        return dc.Sum() * 2;
    }
}
```

应用程序代码如下：

```
class Program
{
    static void Main(string[] args)
    {
        DataCal dc=new DataCal();
        dc.Dat1=8;
        dc.Dat2=4;
```

· 160 ·

```
        dc.Dat3=5;
        Console.WriteLine(ExtDataCal.Mul(dc));
    }
}
```

程序结果如图 19-22 所示。

从方法调用语句 ExtDataCal.Mul(dc)中可见,本程序以静态调用形式完成了新功能的调用。虽然结果可以令人满意,但代码的可读性却不尽

图 19-22　程序运行结果

如人意。无论是方法的定义还是调用形式,都很难看出这个方法是一个为了扩展 DataCal 类的功能而定义和调用的,因为这里的调用者为 ExtDataCal,而不是服务的享用者 DataCal 类对象 dc,当然更难看出这是 DataCal 类的新功能。

显然,新功能 Mul()调用语句的理想形式应该如下:

```
dc.Mul();
```

即把对象 dc 从"()"中移动到方法名前面才能使得 Mul()更像是 DataCal 的固有方法,从而能大大提高代码的可读性。

如果再仔细思考一下就会知道,上面的期望实质上应是如下形式:

```
dc.Mul(dc);
```

因为方法中还要用到对象 dc 以引用成员。

从前面的介绍中已经知道,对象 dc 实质上就是 this,于是微软公司对扩展方法参数列表的第一个参数进行了特殊规定,目的是要把 this 传递到方法中。以本例的 Mul()方法为例,按照特殊规定,扩展方法在静态类中的定义格式为

```
public static double Mul(this DataCal x);
```

其中,this 为实参,x 为形参,其实际操作效果等价于

```
DataCal x=this
```

于是,在新系统中,上例程序的相应代码则应为

```
using System;
//被扩展类
sealed class DataCal
{
    public double Dat1{get;set;}
    public double Dat2{get;set;}
    public double Dat3{get;set;}

    public double Sum()
    {
        return Dat1 + Dat2 + Dat3;
    }
```

```
    }
    //含有扩展方法的静态类
    static class ExtDataCal
    {
        public static double Mul(this DataCal dc)   //其参数为待扩展功能类的类型
        {
            return dc.Sum() * 2;
        }
    }
    //应用程序
    class Program
    {
        static void Main(string[] args)
        {
            DataCal dc=new DataCal();
            dc.Dat1=8;
            dc.Dat2=4;
            dc.Dat3=5;
            Console.WriteLine(dc.Mul());
        }
    }
```

上例程序中展示了扩展方法的两种调用方法，一是实例调用方法，二是静态类调用方法。当然，实例调用方法是 C♯ 推出扩展方法的本意。

综上所述可知，扩展方法是一种特殊的静态方法，它可以通过被扩展类的实例调用，且方法还默认持有当前对象的引用，只不过引用名不再是 this 而是扩展方法的第一个参数名。

19.2.6　Linq to SQL 与表达式树简介

Linq To SQL 是使用统一查询语言操作 SQL Server 数据库的 Linq 系统，也是.NET 更为强大的 EF(Entity Framework)系统的基础。

1. 从一个例子开始

对 SQL Server 数据库进行操作的语言为 SQL，所以 Linq to SQL 系统必须具有把 C♯ 语言代码翻译成 SQL 代码的能力。除此之外，Linq 还应该能够把 SQL 数据源中的数据表用某种类型的 C♯ 对象来表示，即系统必须能够把数据表映射为 C♯ 对象，从而能通过这种对象去调用统一查询语言方法，使得对 SQL 数据源的访问变得像访问 C♯ 对象一样容易。

为了对 Linq to SQL 有一个初步认识，先看一个示例。

现在，在 MS SQL Server 数据库 Students 中有一个如图 19-23 所示的 sTables 表。

现在需要编写一个可以对这张数据表进行查询操作的 C♯ 程序。

首先声明一个类，并将之与待查的数据库表关联起来。这个做法称为映射，这个类称

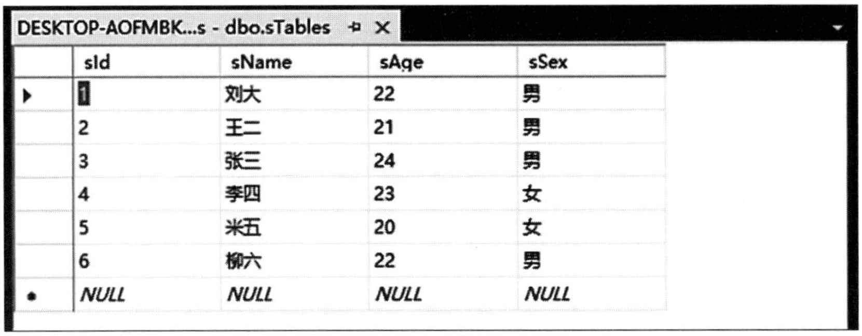

图 19-23　数据库表

为实体类(Entity)。系统在预置程序集 System.Data.Linq.dll 中提供了映射能力,但需程序员显式引用,同时还要引用 System.Data.Linq.Mapping 命名空间。

本例的实体类声明见下面的代码:

```
using System;
using System.Linq;
using System.Linq.Expressions;
using System.Data.Linq;
using System.Data.Linq.Mapping;
namespace TestContext
{
    //映射到数据库表 sTables 的实体类
    [Table(Name="sTables")]
    public class StEnity
    {
        [Column]
        public int sId { get; set; }
        [Column]
        public string sName { get; set; }
        [Column]
        public int sAge { get; set; }
        [Column]
        public string sSex { get; set; }
}
```

从代码中可见,在类的前面要使用特性[Table(Name="sTables")]以声明这个类是一个数据表 sTables 的映射类,数据库表中的列对应着实体类的属性,为了实现这些属性到数据表列的映射,在属性前面要使用系统定义的特性[Column]。关于这两个特性的使用细节,可自行上网查找。

声明了实体类之后,就可以像普通 C♯集合类对象那样来使用这个实体类对象了。本示例遍历实体类对象代码如下:

```
class Program
```

```
{
    static void Main()
    {
        //数据库连接字符串
        string connStr=@"Data Source=DESKTOP-AOFMBK0\SQLEXPRESS;
            database=Students;Integrated Security=true";
        //创建数据库上下文对象
        DataContext dt=new DataContext(connStr);
        //记录并输出 SQL 语句
        dt.Log=Console.Out;
        //获得数据表
        Table < StEnity > st=dt.GetTable<StEnity>();
        //输出遍历结果
        foreach (var item in st)
            Console.WriteLine("{0} {1} {2} {3}", item.sId,item.sName,item.
                sAge,item.sSex);

        Console.Read();
    }
}
}
```

注意：在本例程序中，为了能观察系统生成的 SQL 语句，程序在建立了数据库映像对象之后使用了如下语句：

```
a.Log=Console.Out。
```

程序运行结果如图 19-24 所示。

```
SELECT [t0].[sId], [t0].[sName], [t0].[sAge], [t0].[sSex]
FROM [sTables] AS [t0]
-- Context: SqlProvider(Sql2008) Model: AttributedMetaModel
Build: 4.8.3752.0

1 刘大    22 男
2 王二    21 男
3 张三    24 男
4 李四    23 女
5 米五    20 女
6 柳六    22 男
```

图 19-24　程序运行结果

从结果可知，遍历结果正确，且在运行结果的第一段列出了系统生成的 SQL 语句。

为了确认程序能够使用 Linq 查询语言，在示例程序中又添了如下几条语句：

```
class Program
{
```

```
static void Main()
{
    //数据库连接字符串
    string connStr=@"Data Source=DESKTOP-AOFMBK0\SQLEXPRESS;
    database=Students;Integrated Security=true";
    //创建数据库上下文对象
    DataContext dt=new DataContext(connStr);
    //记录并输出 SQL 语句
    dt.Log=Console.Out;
    //获得数据表
    Table < StEnity > st=dt.GetTable<StEnity>();
    //增加的筛选查询语句
    var dc=st.Where(o => o.sId < 5).Where(o => o.sName != "张三").OrderBy
        (o => o.sAge).Select(o => new { o.sName, o.sAge, o.sSex });
    //输出结果
    foreach (var item in dc)
        Console.WriteLine(item);
    Console.Read();
}
}
```

程序运行结果如图 19-25 所示。

```
SELECT [t0].[sName], [t0].[sAge], [t0].[sSex]
FROM [sTables] AS [t0]
WHERE ([t0].[sName] <> @p0) AND ([t0].[sId] < @p1)
ORDER BY [t0].[sAge]
-- @p0: Input NVarChar (Size = 4000; Prec = 0; Scale = 0) [张三]
-- @p1: Input Int (Size = -1; Prec = 0; Scale = 0) [5]
-- Context: SqlProvider(Sql2008) Model: AttributedMetaModel Build: 4.8.3752.0

{ sName = 王二      , sAge = 21, sSex = 男      }
{ sName = 刘大      , sAge = 22, sSex = 男      }
{ sName = 李四      , sAge = 23, sSex = 女      }
```

图 19-25　程序运行结果

可见,程序实现了对 SQL Server 数据库的查询。真正的查询语句就是那些 SQL 语句。

如果仅限于学习对 Linq to SQL 的使用,那么到此也就可以结束了。但如果对语句 dt.Log＝Console.Out 输出的那些 SQL 语句感兴趣,可以继续往下学习。

可以断定,产生 SQL 语句的唯一原因只能是数据表映像对象 st 的类型 Table＜ StEntity ＞。

在 Visual Studio 开发环境中经查找可得到 Table＜ ＞类型的声明如下:

```
//
//摘要:
```

```
//      表示基础数据库中的特定类型的表。
//
//类型参数：
//   TEntity:
//      表中数据的类型。
public sealed class Table<TEntity> : IQueryable<TEntity>, IEnumerable<TEntity>,
    IEnumerable, IQueryable, IQueryProvider, ITable, IListSource,ITable
    <TEntity> where TEntity : class
{
    ...
}
```

从声明中可见，该类实现了 IQueryable＜TEntity＞和 IEnumerable＜TEntity＞这两个接口。后者的作用早已知道，是为类型提供迭代器，那么能够生成 SQL 语句的原因就只能是前者，因为从 IQueryable 接口的名字上看就应该是它。

根据 Linq to Object 中的经验，利用 Visual Studio 开发环境中的查看方法定义的功能查看程序中的 Where()方法，结果得到的代码如下：

```
public static IQueryable<TSource> Where<TSource>(this IQueryable<TSource>
    source,Expression<Func<TSource, int, bool>> predicate);
```

从方法的第一个参数可知，这是一套 IQueryable 类型的扩展方法，而不是以前用过的 IEnumerable 的。之所以这样，是因为这里的 Table＜TEntity＞类型是 IQueryable，所以它的对象必然会调用 IQueryable 类型的扩展方法而不会去调用 IEnumerable 的。扩展方法的神奇在这里展现得淋漓尽致！

还有更神奇的，那就是查询方法 Where 的第二个参数类型为 Expression＜Func＜TSource，int，bool＞＞，看起来与 IEnumerable 类扩展方法的参数 Func＜TSource，int，bool＞很相似，但前面多出了一个 Expression。那么这个 Expression 是什么呢？

2. 表达式树 Expression

Expression 是一个由系统定义的，称为表达式树类型的数据类型，简称表达式树。

表达式树一定与表达式有关，所以在此还得再把什么是表达式明确一下。在程序源文件中，表达式是具有一定意义的算式，它们由变量、常量、运算符、函数等元素按照要求并依照语法规则所组成。表达式可以很简单，也可以很复杂。例如，在 C＃中，数字 3 是一个常数表达式；字符 a 是变量或参数表达式；!a 是一元逻辑非表达式；a＋b 是二元加法表达式；Math.Sin(a)是方法调用表达式等。

源程序中的这些表达式，经编译器编译后，在得到的可执行文件中不会再保有原来的样子，因为它们已经变成了指令形式的代码。但在当代，在编译后的可执行文件中保存源表达式的信息逐渐成为一种需要，因为有时需要使用这些信息在运行期恢复源表达式，以实现一些特殊的动态功能，或者在一个新平台上用本地语言实现源表达式的功能。显然，在这里，在运行中把 C＃语言的 Linq 查询表达式变换成 SQL 表达式就是后一种需求。

将表达式保存到文件中的唯一办法就是将其变换为数据，因为数据是可以存储并远距离传输的。经过研究,人们发现,源表达式可以用树状结构的数据来存储和表达。例如,表达式(a+2),可以用如图 19-26(a)所示数据结构来表示,两个叶节点分别存储了常量 2 和变量(参数)a,分别为二元运算节点"+"的左量和右量;同样,可得加法表达式(2+a+3)的结构图如图 19-26(b)所示;而表达式 Math.Sin(a)+3 可以表示成图 19-26(c)的样子。

这种用于描述表达式的树状结构数据就称为"表达式树"。

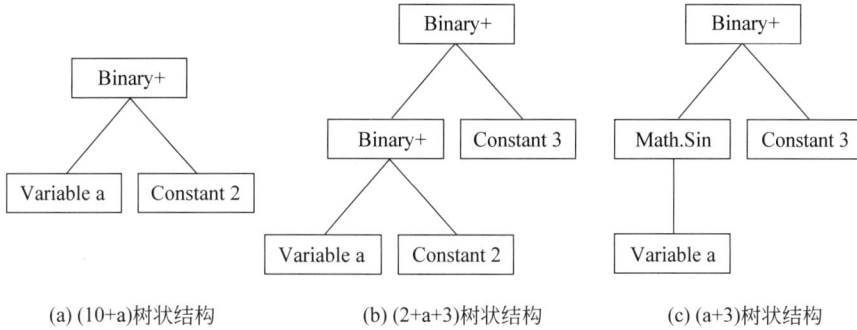

(a) (10+a)树状结构 (b) (2+a+3)树状结构 (c) (a+3)树状结构

图 19-26 表达式的树状结构

表达式树是数据,只要是数据就可以在文件中存储,也可以通过网络传送,而且可以在运行中进行修改、编辑,或将它们再编译成所希望的表达式。在当前场景下,则意味着可以利用表达式树作为中介,把 C#表达式转换成可以对 SQL Server 数据库进行操作的SQL 表达式。这种转换就是对表达式树的含义按照新的语言进行重新解释。

为了描述表达式树节点及其之间的树状关系,按照一切都是对象的原则,.NET 系统定义了基类 Expression,并派生了一系列子类。这些子类各自描述了构成表达式的各种程序元素,如常量、变量、加法运算符、乘法运算符等。应用程序可以利用这些子类对象来构成表达式树。在 System.Linq.Expression 命名空间中定义的各种表达式树节点类型见表 19-1。

表 19-1 Expression 类型的常用子类

Expression 子类名称	说　　明	Expression 子类名称	说　　明
UnaryExpression	一元运算	MethodCallExpression	调用方法
BinaryExpression	二元运算	LambdaExpression	Lambda 表达式
ConstantExpression	常量	TypeBinaryExpression	类型检查
ParameterExpression	变量、变量参数	NewArrayExpression	创建数组
GotoExpression	跳转语句 return、continue、break	DefaultExpression	默认值
BlockExpression	块语句	DynamicExpression	动态类型
ConditionalExpression	条件语句	TryExpression	try 语句
LoopExpression	循环语句	MemberExpression	类成员

Expression 子类名称	说　　明	Expression 子类名称	说　　明
SwitchExpression	选择语句	InvocationExpression	执行 Lambda 并传递实参
IndexExpression	访问数组索引	NewExpression	调用无参构造函数

需要注意的是,节点类的构造方法都是私有的,因此创建节点类对象时需要使用它们的基类 Expression 提供的静态方法。Expression 子类表中,类名的前缀挪到后面再加一个"."作为分隔符就是创建节点对象的静态方法名。例如,创建一个参数节点对象的格式为

```
ParameterExpression p=Expression.Parameter(typeof(int),"x");
```

这里的 p 是一个整型数参数(变量)节点,变量名为 x,类型为 int。

另外还要注意的是,在表达式树中需使用运算符 typeof()说明数据类型,例如这里的 typeof(int)。

每种类型节点常常会有多种功能,因此节点类型都有一个描述其功能的属性 ExpressionType,例如,二元运算符节点 BinaryExpression 就有加法、减法、乘法等多种功能,部分功能如表 19-2 所示。

表 19-2　表达式树节点类型的 C♯功能

属　性　值	功能	属　性　值	功能
ExpressionType.And	&	ExpressionType.LessThanOrEqual	<=
ExpressionType.AndAlso	&&	ExpressionType.Add	+
ExpressionType.Or	|	ExpressionType.AddChecked	+
ExpressionType.OrElse	||	ExpressionType.Subtract	-
ExpressionType.Equal	==	ExpressionType.SubtractChecked	-
ExpressionType.NotEqual	!=	ExpressionType.Divide	/
ExpressionType.GreaterThan	>	ExpressionType.Multiply	*
ExpressionType.GreaterThanOrEqual	>=	ExpressionType.MultiplyChecked	*
ExpressionType.LessThan	<		

3. 使用 Expression 子类对象创建表达式树

创建表达式树的方法很简单,就是使用系统提供的 Expression 的诸多子类,从叶节点开始,一步一步地做到树的根部。

例如,在 C♯程序中创建(1+2)这个表达式的表达式树,则需使用两个常量节点和一个二元运算的加法节点。其代码如下:

```
ConstantExpression exp1=Expression.Constant(1, typeof(int));    //创建常量节点
```

```
ConstantExpression exp2=Expression.Constant(2, typeof(int));     //创建常量节点
BinaryExpression exp12=Expression.Add(exp1, exp2);               //创建加法节点
```

其中,ConstantExpression 是存储常量的子类,BinaryExpression 是二元运算符类。如果在上述 3 行代码的后面加上如下两条语句:

```
Console.WriteLine(exp12);
Console.WriteLine(exp12.Left+","+exp12.Right);
```

则程序运行后的结果如图 19-27 所示。

这里的(1+2)是表达式树;左量为 1,右量为 2。看到这里可能会有疑问,结果不应该是 3 吗?再次提醒,这里的(1+2)是表达式树,不是可以运算的表达式,它可以编辑,可以序列化,但通常不会做运算。

如果要创建表达式(1+2)-3 的表达式树,可在上面代码的基础上添加如下代码:

```
ConstantExpression exp3=Expression.Constant(3);
BinaryExpression exp123=Expression.Subtract(exp12, exp3);
Console.WriteLine(exp123);
Console.WriteLine(exp123.Left + "," + exp123.Right);
```

程序运行结果如图 19-28 所示。

图 19-27　程序运行结果 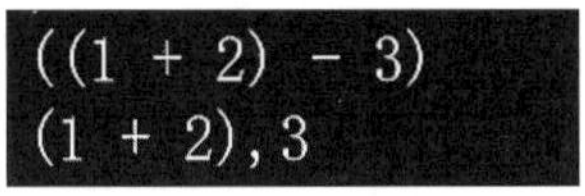　　　　　图 19-28　程序运行结果

除了上述这种简单的表达式树之外,利用表达式树类还可以构成较复杂的表达式树,若有兴趣,可以自行参阅其他资料。这里只需知道,表达式树是表达式的数据形式,可以存储或传输,也可以编辑修改,必要时也可以按照需求解释即可。

4. 利用 Lambda 表达式构建表达式树

利用 Expression 子类一步步创建表达式树是一件很烦琐的工作。为了方便,.NET 提供了泛型类型 Expression＜TDelegate＞。Expression＜＞泛型参数 T 后面的 Delegate 说明泛型实参必须是一个委托。言外之意,就是这个类型可以把一个委托所代表的代码或表达式转换为表达式树。当然,为了方便,人们通常使用系统提供的泛型委托 Action＜＞或 Func＜＞作为 Expression＜＞的实参。

例如,下面便是一个委托 Func＜＞作为泛型实参使用 Expression＜＞的代码示例:

```
Expression<Func< double, double>> exp = a => 3 * a;
```

这条语句的意思是要把表达式 a ＝＞ 3 * a 转换成表达式树。

如果在上面的语句后面再添加如下代码:

```
Console.WriteLine(exp);
Console.WriteLine(exp.Body);
```

则运行之后结果如图 19-29 所示。

前者为输入的 Lambda 表达式，后者为该表达式生成
的表达式树。很显然，这种利用 Lambda 表达式构建表达
式树的方法确实很方便，稍有遗憾的是，目前 Expression
<TDelegate>只能处理简单的 Lambda 表达式，表达式中不能含有 C♯语句和语句块。

```
a => (3 * a)
(3 * a)
```

图 19-29　程序运行结果

上面之所以讲了那么多关于表达式树的知识，其实是要引出如下这个格式：

```
Expression<Func< double, double>> exp = a => 3 * a;
```

因为在这里可以看到，Expression<Func< double，double>>这个类型与 IQueryable
类型扩展方法第二个参数的类型完全相同。这就是说，当 Linq 查询程序调用
IEnumerable 类型和 IQueryable 类型扩展方法的时候，虽然表面上都是向第二个参数传
递了一个 Lambda 表达式，但实质上却完全不同。

前者确实是接收了一个表达式，但后者则是接收了一个表达式树。之所以要使用表
达式树，就是因为它是数据，可以被所有语言理解并能解释成任何需要的语言形式。直白
点说，就是可以利用表达式树作为中介，把 C♯语言代码翻译成其他任何语言代码，这就
是说 C♯语言的查询可以被翻译成任何数据库查询语言。于是，借助这些翻译，C♯的查
询语言就可以"一统江湖"了。

下面就是从网上看到的一个极为简单，能把一个特定形式表达式树转换成所需要的
字符串的程序示例：

```
using System;
using System.Linq.Expressions;
namespace Test
{
    public static class CC
    {
        //为 ExpressionType 类对象定义的扩展方法，用来将运算符节点转
        //换成需要的字符串
        public static string TransferExpressionType(this ExpressionType
            expressionType)
        {
            string type="";
            switch (expressionType)
            {
                case ExpressionType.Equal:
                    type="="; break;
                case ExpressionType.GreaterThanOrEqual:
                    type=">="; break;
                case ExpressionType.LessThanOrEqual:
                    type="<="; break;
                case ExpressionType.NotEqual:
                    type="!="; break;
```

```
                case ExpressionType.AndAlso:
                    type="And"; break;
                case ExpressionType.OrElse:
                    type="Or"; break;
            }
            return type;
        }
    }
    class Program
    {
        //用来将特定表达式树转换成字符串的方法
        public static string ResolveExpression(
            Expression<Func<int, bool>> expression)
        {
            var bodyNode=(BinaryExpression)expression.Body;
            var leftNode=(ParameterExpression)bodyNode.Left;
            var rightNode=(ConstantExpression)bodyNode.Right;
            return string.Format(" {0} {2} {1} ", leftNode.Name, rightNode.Value,
                bodyNode.NodeType.TransferExpressionType());
        }
        static void Main()
        {
            Expression<Func<int, bool>> expr=s => s == 10 ;
            string ss=ResolveExpression(expr);
            Console.WriteLine(ss);

            Console.ReadKey();
        }
    }
}
```

程序运行结果如图 19-30 所示。

若有兴趣，可以自行做一些转换实验，从中体会翻译的工作。

看到这里，若学过"编译原理"课程，一定会恍然大悟：表达式树分明就是语法树！只不过编译器是利用语法树将源程序翻译成二进制执行代码，而这里是利用表达式树将 C#语言源程序翻译成其他语言的目标程序，如 SQL 程序。

再稍微多想一下还可以知道，C#也一定会提供表达式树的逆转换，即把表达式树再变回 Lambda 表达式，这个方法便是 Compile()。下面是一个把上例中那个表达式树 expr 再编译成 Lambda 表达式并进行运行的示例：

```
var f=expr.Compile();          //调用了 Compile() 将 expr 编译成 Lambda 表达式委托
bool b=f.Invoke(10);           //运行了该委托。也可以写成 bool b = f(10);
Console.WriteLine(b);
```

程序段的运行结果如图 19-31 所示。

s = 10

图 19-30　程序运行结果

True

图 19-31　程序运行结果

其实上面那个转换和执行也可以连着写：

```
Console.WriteLine(expr.Compile()(10));
```

5. IQueryable 扩展方法的功能——连接表达式树

在 System.Linq 中，接口 IQueryable 的代码如下：

```
namespace System.Linq
{
    public interface IQueryable : IEnumerable
    {
        Type ElementType { get; }
        Expression Expression { get; }
        IQueryProvider Provider { get; }
    }
}
```

接口只有 3 个属性，令人瞩目的是 IQueryProvider 和 Expression。

为了一探究竟，下面回头再看前面筛选查询程序中的查询代码：

```
//进行删选查询
var dc=st.Where(o => o.sId < 5).Where(o => o.sName != "张三").OrderBy(o =>
    o.sAge).Select(o => new { o.sName, o.sAge,o.sSex});
//输出结果
foreach(var item in dc)
    Console.WriteLine(item);
```

可见，每个扩展查询方法都接收了一个 Lambda 表达式作为参数，由前面观察 Where()
的代码时得知，这些 Lambda 表达式参数会在参数的形实结合时被 Expression 创建成表
达式树，以便它们将来都能被翻译成 SQL 语句。

但这些表达式树都是整个查询操作中的一个片段，如果立即以这些片段为单位去翻
译成 SQL 语句，并立即进行数据库查询并返回结果的操作，则势必会大大降低查询效率。
理想的方式应该是把所有这些片段都收集进来，再连接起来，再优化之后，形成了一个完
整的查询表达式树之后，再翻译成 SQL 语句去进行数据库的查询及结果的返回操作。

为观察表达式树的连接过程，改造一下上面的程序。具体做法就是，自定义一个在内
部调用了 IQueryable 扩展方法 Where() 的筛选方法 MyWhere()，目的是为了能在其中
插入一些输出语句，以便观察与表达式树连接相关的信息。

程序的完整代码如下：

```
using System;
```

```csharp
using System.Linq;
using System.Linq.Expressions;
using System.Data.Linq;
using System.Data.Linq.Mapping;
namespace TestContext
{
    //映射到数据库表 sTables 的实体类
    [Table(Name="sTables")]
    public class StEnity
    {
        [Column]
        public int sId { get; set; }
        [Column]
        public string sName { get; set; }
        [Column]
        public int sAge { get; set; }
        [Column]
        public string sSex { get; set; }
    }
    class Program
    {
        static void Main()
        {
            //数据库连接字符串
            string connStr=@"Data Source=DESKTOP-AOFMBK0\SQLEXPRESS;
            database=Students;Integrated Security=true";
            //创建数据库上下文对象
            DataContext dt=new DataContext(connStr);
            //记录并输出 SQL 语句
            dt.Log=Console.Out;
            //获得数据表
            Table < StEnity > st=dt.GetTable<StEnity>();
            //筛选查询,这里调用了两次自己的方法 MyWhere()
            var dc=st.MyWhere(o => o.sId < 5).MyWhere(o => o.sName != "张三").
                OrderBy(o => o.sAge).Select(o => new { o.sName, o.sAge,
                o.sSex });
            //输出结果
            foreach (var item in dc)
                Console.WriteLine(item);
            Console.Read();
        }
    }
    public static class stClass
    {
```

```
//自己封装的筛选方法 MyWhere()
public static IQueryable<TSource> MyWhere<TSource>(this IQueryable
  <TSource> source,Expression<Func<TSource, bool>> predicate)
{
    Console.WriteLine("输入的表达式:" + predicate);
    Console.WriteLine("输入时的 IQueryable.Expressin: \n"+ source.
        Expression);
    //Console.WriteLine("输入时的 IQueryable.Provider:  "+source.
        //Provider);
    var v=source.Where(predicate);          //系统提供的 Queryable.Were 方法
    Console.WriteLine("输出时的 IQueryable.Expressin: \n"+v.Expression
        + "\n");
    //Console.WriteLine("输出时的 IQueryable.Provider:  "+v.Provider);
    return v;
    }
  }
}
```

程序运行结果如图 19-32 所示。

图 19-32　调用 MyWhere()方法程序运行结果

第一次调用 MyWhere()的输出为

```
Table(StEnity).Where(o => (o.sId < 5))
```

第二次调用 MyWhere()的输出为

```
Table(StEnity).Where(o => (o.sId < 5)).Where(o => (o.sName != "张三"))
```

从两次调用 MyWhere()输出的变化中可以看出，MyWhere()把两次的输入连接起来了。也就是说，静态类 Queryable 中的大多数查询方法的作用就是把各自输入的 Lambda 表达式树连接起来，使之更像一个真正的 SQL 语句。最后，从程序中 dt.Log＝Console.Out 语句输出的 SQL 语句为

```
SELECT [t0].[sName], [t0].[sAge], [t0].[sSex]
FROM [sTables] AS [t0]
WHERE ([t0].[sName] <> @p0) AND ([t0].[sId] < @p1)
ORDER BY [t0].[sAge]
-- @p0: Input NVarChar (Size = 4000; Prec = 0; Scale = 0) [张三]
-- @p1: Input Int (Size = -1; Prec = 0; Scale = 0) [5]
```

可以看到，系统还把两个 Where()调用优化成了一个。

6. Linq to SQL 的构成

关于 Linq to SQL 的构成，现在除了已知的 IQueryable 接口以及静态类 Queryable 提供的扩展方法之外，剩下的就是 Linq to SQL 翻译功能的提供者 Provider。

Provider 是接口 IQueryProvider 的实现类，IQueryProvider 接口的代码如下：

```
public interface IQueryProvider
{
    IQueryable CreateQuery(Expression expression);
    IQueryable<TElement> CreateQuery<TElement>(Expression expression);
    object Execute(Expression expression);
    TResult Execute<TResult>(Expression expression);
}
```

接口看似声明了 4 个方法，实质上就是 CreateQuery()和 Execute()两个方法，其余是这两个的泛型版本。

其中的 CreateQuery()方法被大多数静态类 Queryable 中的扩展方法所调用，其作用就是把输入的查询表达式树 Expression 与前一个方法接收的表达式树连接起来创建一个新的 IQueryable 实例，随后由 Provider 处理这个 IQueryable 实例中的表达式树并生成 SQL 语句。

Execute()则在 foreach()中被调用，继而在这里形成完整的 SQL 语句，完成对 SQL 数据源的查询操作并向 Table＜StEntity＞类型对象 st 返回结果集。如果有需要，最后由 IEnumerable 接口提供的迭代器对结果集进行遍历输出。

至于 Table＜StEntity＞实现的其他接口，因其不属于 Linq to SQL 范畴，故这里就不再介绍。总之，Linq 是一个只对扩展开放的框架，既保证了核心代码的稳定，又允许任何第三方对功能进行扩展，很值得研究、学习和借鉴。

附录 A　Visual C++ 开发环境简介

A.1　Visual C++ 的用户界面

Visual C++ 6.0 是微软公司推出的一个使用 C++ 开发 Windows 应用程序的集成工具，是 Developer Studio 6.0 工具集的重要组成部分。

使用 Visual C++ 集成开发环境，可以完成应用程序的创建、编码、测试等一系列程序开发工作。如图 A-1 所示，其用户界面由若干窗口、工具、菜单、工具条组成。

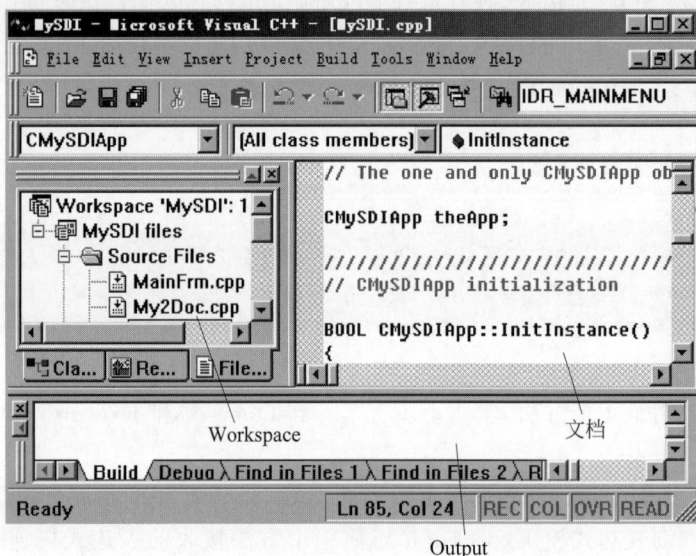

图 A-1　Visual C++ 集成开发环境用户界面

在 Visual C++ 中开发的项目称为工程（Project）。为了便于对工程进行管理，在 Visual C++ 的环境中设置了一个称为 Workspace 的窗口（工程管理窗口），在这个窗口中可以显示、访问项目中的各种元素。

Workspace 窗口具有 ClassView、ResourceView 和 FileView 这 3 个选项卡。

（1）ClassView 选项卡用来显示项目中所有类及其类成员，也可以显示项目中定义在 IDL 文件里的 COM 接口。

（2）ResourceView 选项卡显示的是工程项目中包含的所有资源文件，如位图、菜单、快捷键、图标等。

（3）FileView 选项卡显示了文件与项目、文件与文件之间的逻辑关系。在这里可以对文件进行添加、移动、更名、复制、删除等管理工作。

在 Visual C++ 界面上的其他各种窗口大多都是文档窗口,如文本编辑窗口、资源编辑窗口等。

Output 窗口也是在程序设计中经常用到的窗口,这个窗口用于显示开发环境工作时的各种输出信息,如编译连接信息、应用程序调试信息结果等。

A.2　在 Visual C++ 中创建项目

A.2.1　设置工程项目的基本数据

在 Visual C++ 中,必须首先创建一个新项目,然后才能开始其他开发工作,除非是要对已有的项目进行修改。

创建项目时要选择项目类型。项目类型指定了要创建什么样的应用及这种应用的默认项目配置,如编译器设置、库链接设置、默认输出文件路径、定义常量等。具体的步骤如下。

(1) 选中 File|New 菜单选项,在打开的 New 对话框的 Projects 选项卡中选择要创建的项目类型,如图 A-2 所示。

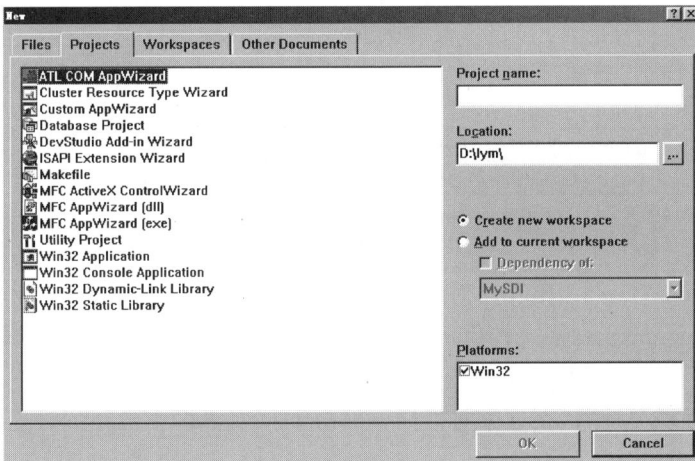

图 A-2　New 对话框的 Projects 选项卡

(2) 在 Project name 文本框中输入工程名称。

(3) 在 Location 文本框中设置工程的路径。

(4) 选中 Create new workspace 复选项。

(5) 在 Platforms 列表框中选中 Win32 选项。

(6) 对输入各项核对无误后单击 OK 按钮。

Visual C++ 6.0 在创建了一个新项目的同时会自动创建一个 Workspace。Workspace 的信息保存在扩展名为.dsw 的文件中,而工程项目信息保存在扩展名为.dsp 的项目文件中。

在设置了工程的基本信息之后,Visual C++ 6.0 会根据所选的工程类型打开对应的

AppWizard(应用向导)引领程序员逐步创建工程。一般来说,向导在每个步骤中需要程序员回答一些问题以确定如何来自动生成代码。当应用向导把信息收集齐全之后就可以自动生成应用的代码。

下面以选中 MFC AppWizard(exe)选项创建 MFC 应用程序为例,介绍创建 MFC 工程的方法和步骤。

A.2.2 选择应用程序的类型

如果在选择工程类型时,选择了 MFC AppWizard(exe),则在单击 OK 按钮后,Visual C++ 会打开如图 A-3 所示的 MFC AppWizard - Step 1 对话框。

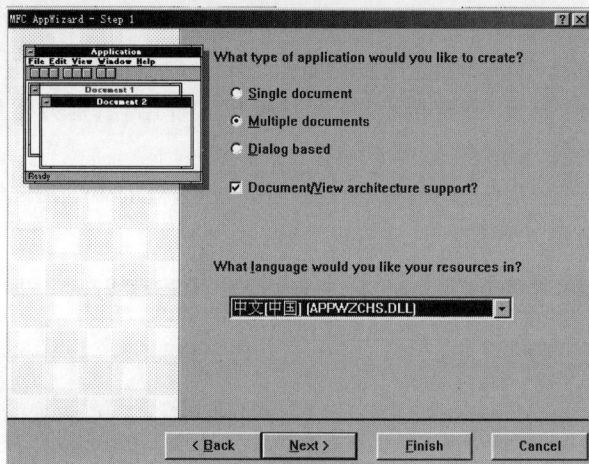

图 A-3 MFC AppWizard - Step 1 对话框

在 MFC AppWizard - Step 1 对话框中提供了 Single document(单文档应用程序界面)、Multiple documents(多文档应用程序界面)、Dialog based(基于对话框的应用程序界面)3 种应用程序界面,供用户进行选择。

选择应用程序类型后,在这个对话框下部的下拉列表框中还可以设定工程资源所使用的语言。

对所做的选择核对无误后,单击 Next 按钮即可打开下一个对话框 MFC AppWizard -Step 2 of 6。

A.2.3 设置数据库支持

在 MFC AppWizard - Step 2 of 6 对话框中可以对数据库支持进行设定,如图 A-4 所示。

在这个对话框中可供选择的数据库有 None、Header files only、Database view without file support、Database view with file support。

如果不希望数据库支持,选择 None。

如果希望数据库支持,但不希望从 CFormView 类导出视图类,则选中 Header files

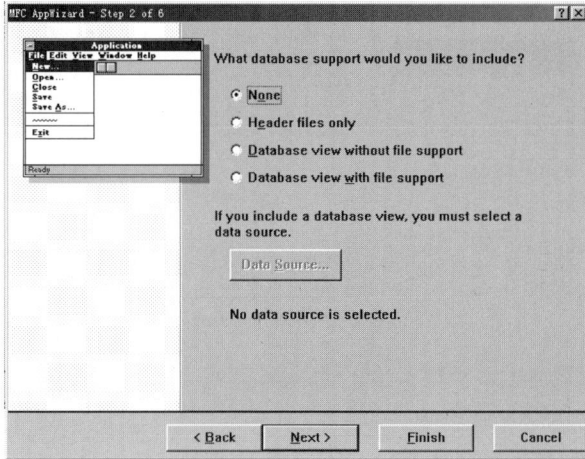

图 A-4　MFC AppWizard - Step 2 of 6 对话框

only。

如果希望数据库支持,且希望从 CFormView 类导出视图类,则选中 Database view without file support,但应用程序将不对文档进行序列化。

如果希望数据库支持,且希望从 CFormView 类导出视图类,则选中 Database view with file support。

如果选中的是后两项之一,则 Data Source 按钮将变为有效,单击这个按钮可以在打开的对话框中选择 ODBC 和 DAO 两种数据源。

对所做的选择核对无误后,单击 Next 按钮即可打开下一个对话框 MFC AppWizard-Step 3 of 6。

A.2.4　复合文档支持

在 MFC AppWizard - Step 3 of 6 对话框中可以对复合文档支持进行设定,如图 A-5 所示。

在这个对话框中可供选择的复合文档有 None、Container、Mini-server、Full-server、Both container and server。

如果要创建一个容器应用程序,则选中 Container。

如果要创建一个不独立运行的服务器,则选中 Mini-server;而如果要创建可以独立运行的服务器,则选中 Full-server。

如果创建的应用程序既是容器又是服务器,则选择 Both container and server。

另外,在这个对话框中还有 Automation 和 ActiveX Controls 两个选项。

如果希望应用程序支持自动化,则选中 Automation 选项。

对所做的选择核对无误后,单击 Next 按钮即可打开下一个对话框 MFC AppWizard - Step 4 of 6。

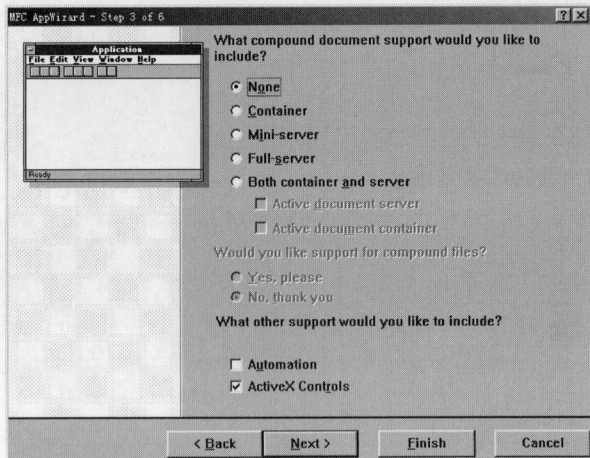

图 A-5　MFC AppWizard - Step 3 of 6 对话框

A.2.5　设置应用程序特色

在 MFC AppWizard - Step 4 of 6 对话框中可以通过选择选项设置应用程序的一些特色,如图 A-6 所示。其中的选项有 Docking toolbar、Initial status bar、Printing and print preview、Context-sensitive Help、3D controls、MAPI、Windows Sockets。

如果希望应用程序具有可拖动的工具条,则选中 Docking toolbar 选项。

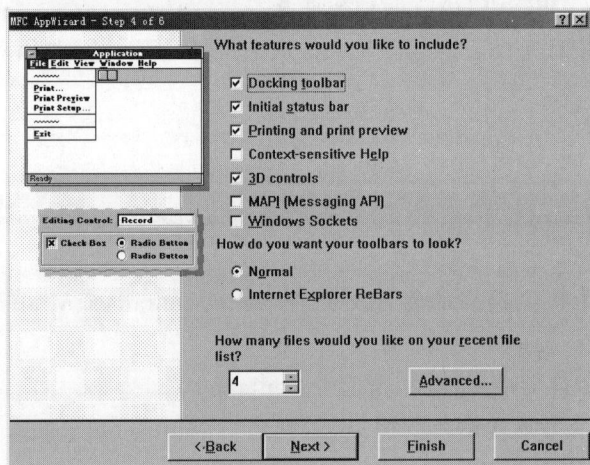

图 A-6　MFC AppWizard - Step 4 of 6 对话框

如果希望应用程序具有提示显示的状态栏,则选中 Initial status bar 选项。

在支持文档的应用程序中,如果选中 Printing and print preview 选项,则在应用程序的 File 菜单中会出现 Print、Print Preview 和 Print Setup 这 3 个选项。

如果选中了 Context-sensitive Help 选项,则在应用程序中可以使用上下文帮助。

如果希望应用程序界面上的图形元素具有立体效果,则应该选中 3D controls 选项。

如果希望创建的应用程序可以发送传真、电子邮件或者其他消息,则需要选中 MAPI 选项。

如果选中了 Windows Sockets 选项,则创建的应用程序可以使用 FTP、HTIP 等网络协议直接访问 Internet。

如果希望应用程序的工具栏以 Web 风格显示,则要选中 Internet Explorer ReBars 单选项。

如果单击 Advanced 按钮,则在弹出的对话框中可以对应用程序的特色做进一步的设置和选择。

对所做的选择核对无误后,单击 Next 按钮,即可打开下一个对话框 MFC AppWizard - Step 5 of 6。

A.2.6 MFC 类库支持和注释

在对话框 MFC AppWizard - Step 5 of 6 中可以对 MFC 类库与注释进行相应的设置,如图 A-7 所示。

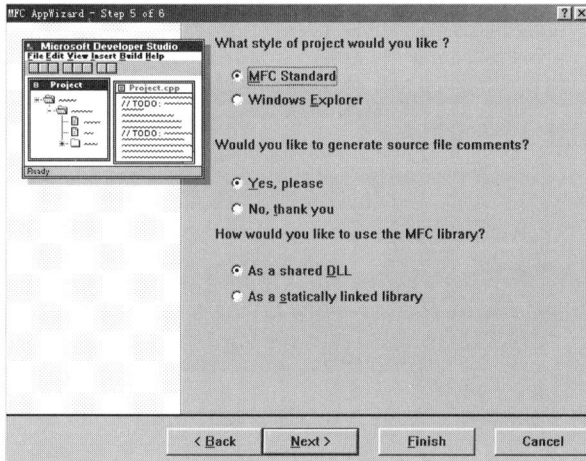

图 A-7 MFC AppWizard - Step 5 of 6 对话框

可以选择两种风格界面。标准 MFC 风格或 Windows Explorer 风格。

在本对话框中 Wizard 将询问是否要对自动生成的程序代码进行注释。

另外还会询问以何种方式使用 MFC 库。如果想以共享方式使用 MFC 库,则要选中 As a shared DLL 单选项,否则选中 As a statically linked library 单选项。

对所做的选择核对无误后,单击 Next 按钮即可打开下一个对话框 MFC AppWizard - Step 6 of 6。

A.2.7 确认文件和类名称

在对话框 MFC AppWizard - Step 6 of 6 中将显示 Wizard 生成的文件和类名称以供确认,如图 A-8 所示。

单击 Finish 按钮,将会出现一个对话框给出应用程序的创建信息,如图 A-9 所示。

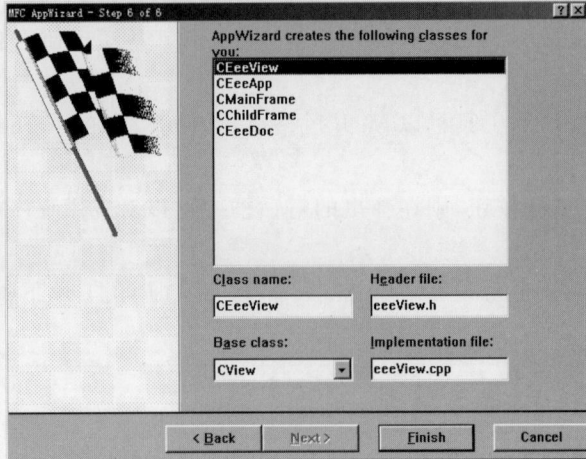

图 A-8　MFC AppWizard - Step 6 of 6 对话框

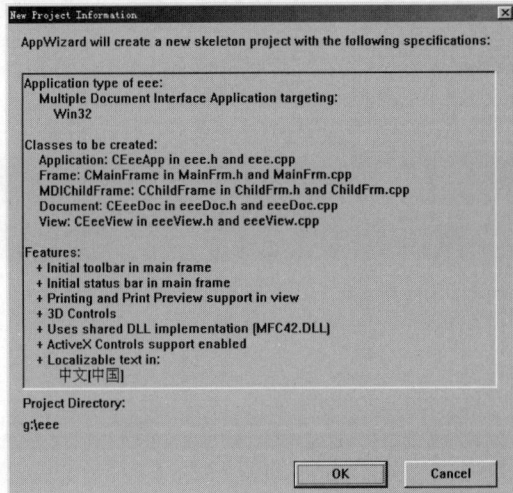

图 A-9　显示创建信息的对话框

单击 OK 按钮,MFC AppWizard 就会根据以上各对话框搜集到的信息自动生成应用程序的代码。

A.3　Visual C++ 的类辅助设计工具

进行应用程序开发工作时,对类的操纵(例如,为类添加数据成员或者成员函数、创建新类等)主要使用 ClassWizard、ClassView 和 WizardBar 这 3 个工具。

A.3.1　使用 ClassWizard 对类进行操作

ClassWizard 只能对 MFC 类进行操作,而 ClassView、WizardBar 则能对 MFC 类、

ATL 类和用户定义的所有类进行操作。

使用 ClassWizard 可以完成创建新类、定义消息映射及其处理函数、重写 MFC 虚函数、定义与对话框相关的成员变量等任务。

选中 View|ClassWizard 菜单选项，即可打开 MFC ClassWizard 对话框，如图 A-10 所示。

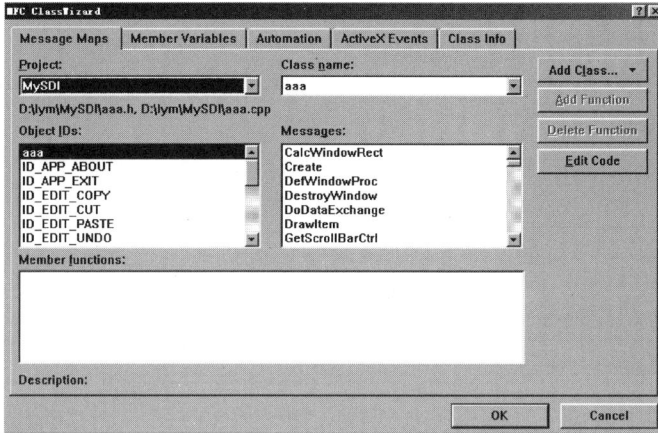

图 A-10　MFC ClassWizard 对话框

ClassWizard 包括 Message Maps、Member Variables、Automation、ActiveX Events 和 Class Info 这 5 个选项卡。下面对前 3 个选项卡进行简单介绍。

1. Message Maps 选项卡

Message Maps(消息映射)选项卡用于消息映射定义和消息响应函数的创建、删除等工作。该选项卡中包含 2 个下拉列表选择框、3 个滚动窗口、2 个静态文本框和 4 个按钮。

（1）Project 下拉列表选择框。当一个 Workspace 中含有多个 Project 文件时，在这个窗口中选中要操纵的 Project 文件。

（2）Class name 下拉列表选择框。在这个选择框中选择要操纵的类。

（3）Project 下拉列表选择框下的静态文本框。在这个文本框中显示当前选定类的文件。

（4）Object IDs 滚动窗口。在这个滚动窗口中显示当前选定类中能够产生消息的对象的 ID 值。

（5）Messages 滚动窗口。在这个窗口中列出了在 Object IDs 中选定对象可以处理的消息和虚函数。如果消息用黑体字显示，则说明该消息已经拥有了自己的消息处理函数。如果消息前面加了"＝"，说明该消息是控件的反射消息。反射消息就是允许控件类处理自身的消息。

（6）Member functions 滚动窗口。这个窗口显示当前选定消息的消息处理函数(前面冠有 W 字符)或(前面冠有 V 字符)虚函数。

（7）Description 静态文本框。这个文本框显示消息处理函数或虚函数要实现的目标。

（8）Add Class 按钮。单击这个按钮可以在当前的工程中添加新的 MFC 类。

（9）Add Function 按钮。单击这个按钮可以为当前类添加新的成员函数。

（10）Delete Function 按钮。单击这个按钮可以在当前类中删除已有的成员函数。

（11）Edit Code 按钮。单击这个按钮将跳转到当前选定的对象的源代码处。

2. Member Variables 选项卡

Member Variables（成员变量）选项卡中有些控件的作用与 Message Map 选项卡的作用相同,因此不再赘述。下面介绍该选项卡中其他控件的作用。

（1）Control IDs 窗口。这个窗口共显示 3 列内容：Control IDs 列显示当前选定类中能够映射成员变量的控件 ID 值,Type 列显示成员变量的类型,Member 列显示成员变量的名称。

（2）Add Variable 按钮。用这个按钮可以打开如图 A-11 所示的 Add Member Variable 对话框,在这个对话框中可以对要添加的成员变量的名称、类型等进行设置。

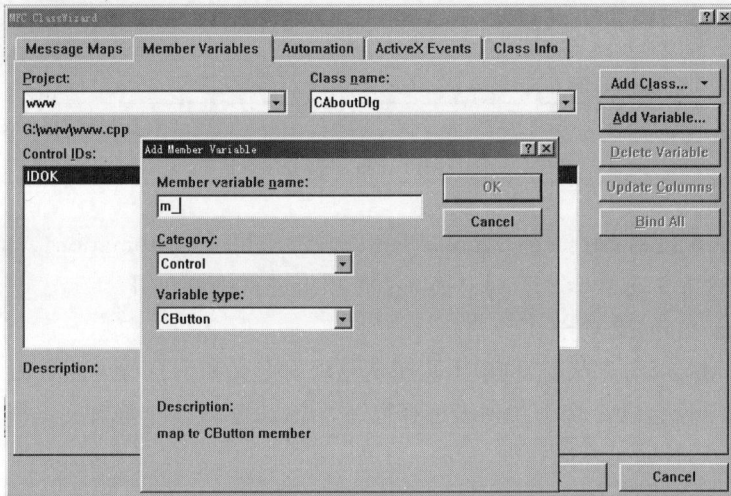

图 A-11　Member Variables 选项卡和 Add Member Variable 对话框

（3）Delete Variable 按钮。用这个按钮可以删除一个已有的成员变量。

（4）Update Columns 按钮。这个按钮用于选定一个数据源。

（5）Bind All 按钮。用这个按钮可以把所有未绑定的记录集合域数据成员绑定到在数据源中一个表的相应列。

3. Automation 选项卡

Automation（自动化）选项卡的外观如图 A-12 所示。在这个选项卡中可以对支持自动化的应用程序进行一些相应的设置。这个选项卡的 Project 下拉列表选择框、Class name 下拉列表选择框、Add Class 按钮、Delete 按钮和 Edit Code 按钮与前面介绍的选项卡中的功能是相同的。所以这里只介绍这个选项卡中的其他控件的作用。

（1）External names 滚动窗口。在这个窗口中显示已经添加到选定类中的方法和属性的名字。自动化客户端应用程序可以使用这些名字访问服务器的属性和方法。

（2）Implementation 窗口。这个窗口显示了选定的对象和属性在类中是如何实现

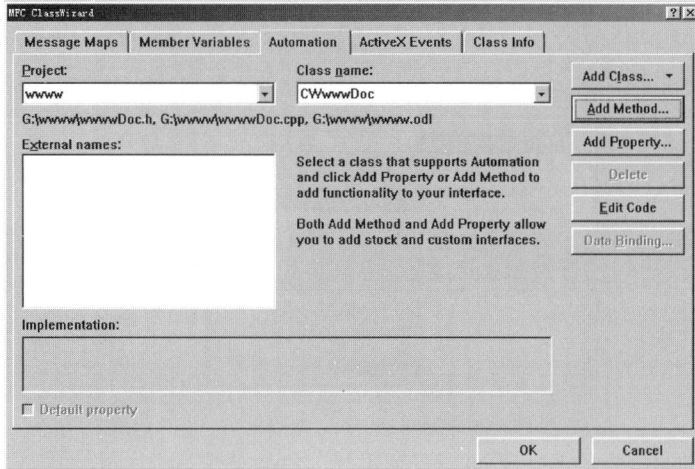

图 A-12　Automation 选项卡

的。其中,"S"代表普通属性,"C"代表定制属性,"M"代表方法,并以粗体字表示默认属性。

(3) Default property 复选框。当这个复选框被选中后,此时选中的属性将成为选中 ActiveX 对象的默认属性。

(4) Add Method 按钮。单击这个按钮可以打开 Add Method 对话框,并在这个对话框中为选中类添加在客户端可以使用的方法。

(5) Add Property 按钮。单击这个按钮可以打开 Add Property 对话框,并在这个对话框中为选中类添加在客户端可以访问的属性。

(6) Data Binding 按钮。单击这个按钮将确定当前自动化控件支持的数据的绑定级别。

A.3.2　使用 ClassView 对类进行操作

在 Workspace 管理窗口的 ClassView 选项卡中也可以对类进行操纵。

1. 添加新类

添加新类的具体步骤如下。

(1) 单击 Workspace 窗口的 ClassView 标签,显示 ClassView 选项卡。

(2) 右击工程名称,在弹出的快捷菜单中选中 New Class 选项,如图 A-13 所示。

(3) 随后打开 New Class 对话框,如图 A-14 所示。

在 New Class 对话框的 Class type 下拉列表框中选择待创建类的类型,在 Name 文本框中填写类的名称,在 Base class 下拉列表框中选择基类的名称,在 Automation 区域设置自动化选项。一切选择完毕之后,单击 OK 按钮则系统立即会生成类的框架代码。

2. 编辑已有的类

在 ClassView 选项卡中也可以很方便地对工程中的现有类进行修改编辑。具体操作方法为右击要编辑的类名称,弹出快捷菜单。

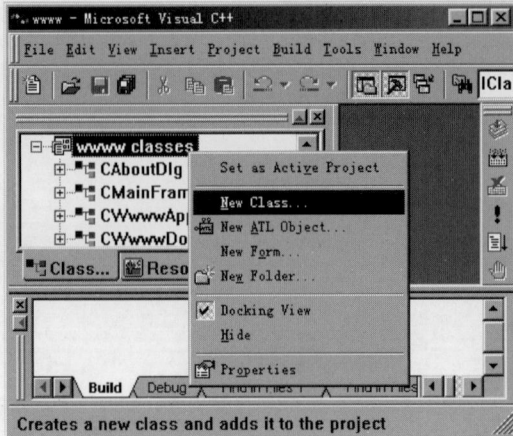

图 A-13　选择 New Class 选项

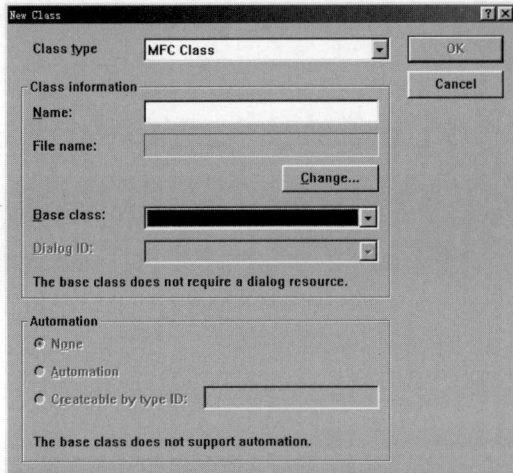

图 A-14　New Class 对话框

该菜单中常用的编辑类的选项有 Add Member Function、Add Member Variable、Add Virtual Function、Add Windows Message Handler。详细内容如图 A-15 所示。

（1）Add Member Function（添加类成员函数）。当选中这个选项时，将会打开如图 A-16 所示的 Add Member Function 对话框。在这个对话框中的 Function Type 文本框中填写成员函数的类型，在 Function Declaration 文本框中填写成员函数的名称及参数的声明，在 Access 区域选择函数的访问属性，在下面的两个复选框中选择函数是否为静态函数及是否为虚函数。

（2）Add Member Variable（添加类成员变量）。当选中这个选项时，将会打开如图 A-17 所示的 Add Member Variable 对话框。在这个对话框的 Variable Type 文本框中填写成员变量的数据类型，在 Variable Name 文本框中填写成员变量的名称，在 Access 区域中选择变量的访问属性。

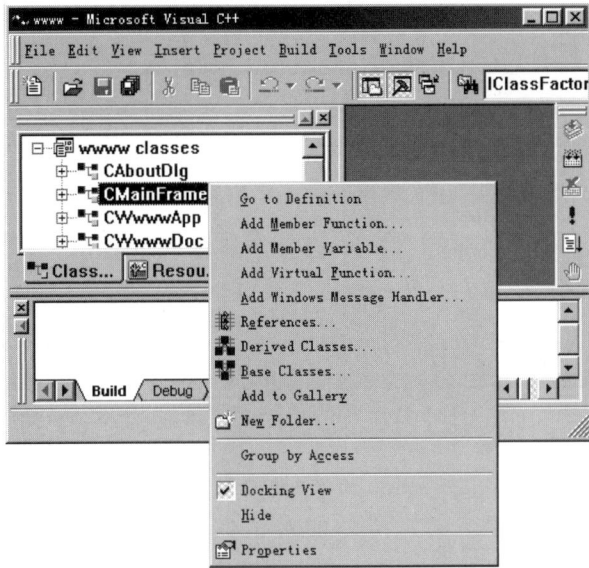

图 A-15　对类进行编辑的菜单选项

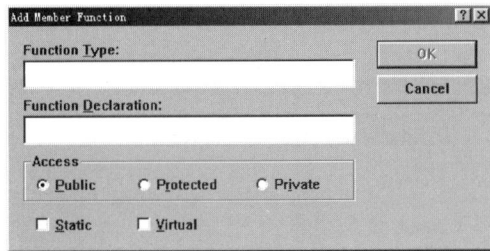

图 A-16　Add Member Function 对话框

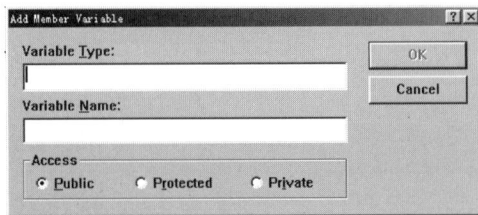

图 A-17　Add Member Variable 对话框

（3）Add Virtual Function（添加类的虚函数）。当选中这个选项时，将会打开如图 A-18
所示的对话框。在这个对话框的 New Virtual Functions 列表框中列出了选定类中可以
重写的虚函数名称。如果在这个列表中选择了某个虚函数（鼠标左键双击），该虚函数的
名称会在 Existing virtual function overrides 列表框中显示出来。单击 Add Handler 或
Add and Edit 按钮，系统会把该虚函数添加到当前类中。如果刚才单击的是 Add and
Edit 按钮，系统会把选择的虚函数的代码段打开，以便马上对代码进行编辑。

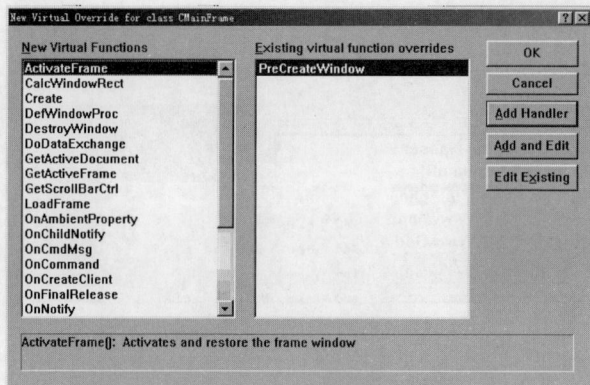

图 A-18　选择需要重写的虚函数的对话框

（4）Add Windows Message Handler（添加窗口消息响应函数及消息映射）。当选中这个选项时，将会打开如图 A-19 所示的对话框。在这个对话框的 New Windows messages/events 列表框中列出了在选定类中可以使用的 Windows 窗口消息，如果选中了某个消息（例如双击），则该消息会出现在 Existing message/event handlers 窗口中，单击 Add Handler 或 Add and Edit 按钮，则系统会把该消息响应函数的框架及对应的消息映射代码添加到选定的类中。

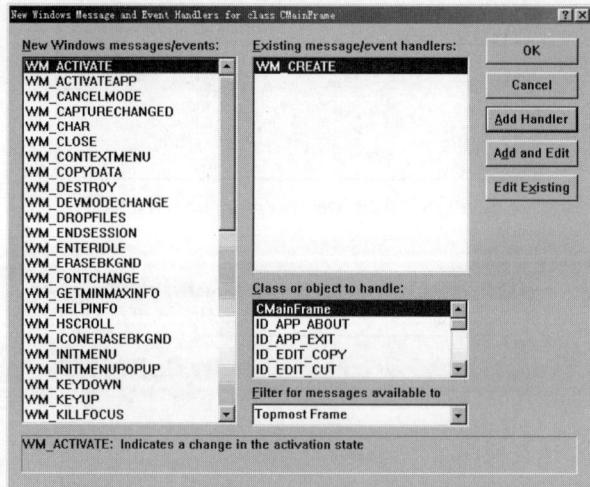

图 A-19　添加窗口消息响应函数的对话框

A.3.3　使用 WizardBar 对类进行操作

WizardBar 是一个工具栏，它提供了 ClassWizard、ClassView 等工具重要功能的快速访问能力。WizardBar 还提供了跟踪功能，如当文本编辑器中的光标从一个函数移到另一个函数时，WizardBar 能自动更新其显示内容以跟踪光标的移动。

使用 WizardBar 可以非常容易地完成添加新类、创建新函数（包括消息处理函数）、在函数/方法间快速转移等任务,如图 A-20 所示。

图 A-20　WizardBar

A.4　Visual C ++ 的资源编辑器

使用资源编辑器可以快速、方便地创建、编辑、修改程序所需的各种资源,如加速键表、二进制数据、位图、图标、光标、对话框、HTML 页、菜单、字符串表、工具条资源、版本信息等。

在 Workspace 窗口中选中 ResourceView 选项卡,如图 A-21 所示。

如图 A-21 所示,这里列出了工程中的所有资源。如果要添加某种资源则右击该类资源的文件夹,在弹出的快捷菜单中选中 Insert 选项,会打开 Insert Resource 对话框,在这个对话框中列出了所有可以插入工程的资源,如图 A-22 所示。

图 A-21　ResourceView 选项卡

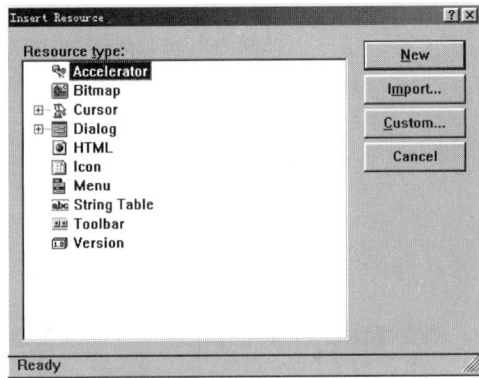

图 A-22　Insert Resource 对话框

双击某类资源的图标即可打开资源编辑器。

A.4.1　菜单资源编辑器

在如图 A-22 所示的对话框中,双击 Menu 图标即可打开菜单编辑器,如图 A-23 所示。

从图 A-23 可以看到,菜单编辑器提供了一个空白的菜单,用户可以利用这个空白菜单对菜单进行设计。

如果双击某个菜单选项,则会打开如图 A-24 所示的菜单属性对话框,在这个对话框中可以设置这个菜单选项的各个属性。

A.4.2　对话框资源编辑器

在如图 A-22 所示的对话框中,双击 Dialog 图标即可打开对话框资源编辑器,如图 A-25 所示。

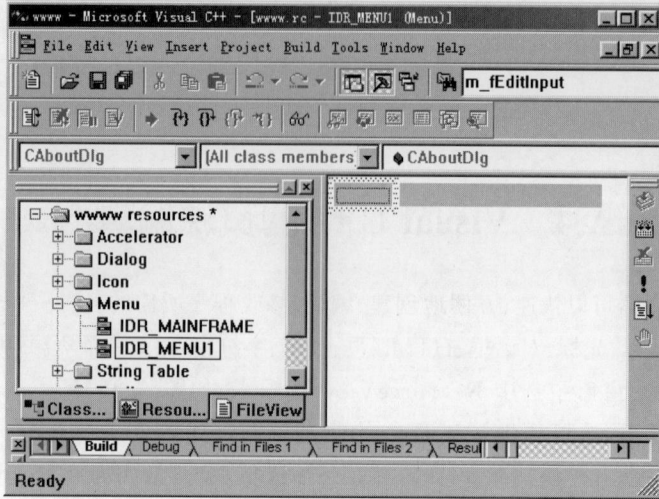

图 A-23　菜单编辑器

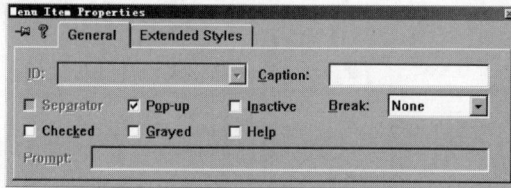

图 A-24　编辑菜单选项属性的对话框

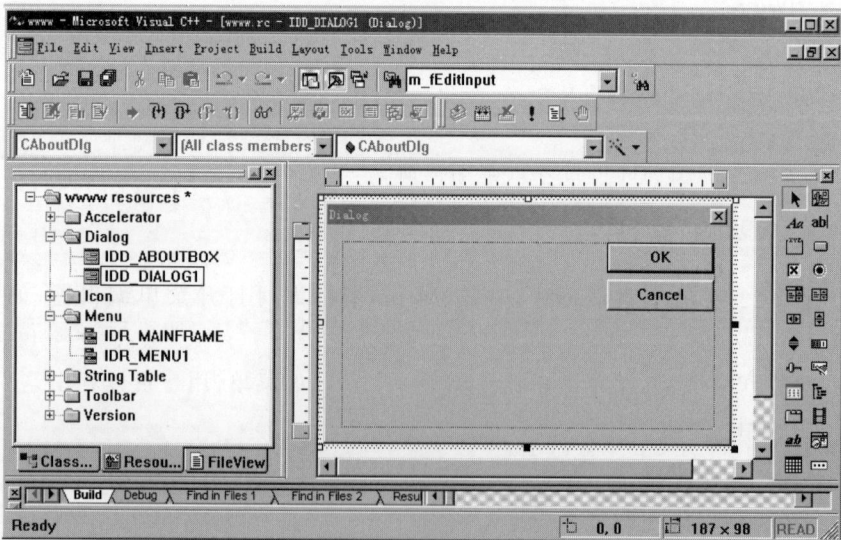

图 A-25　对话框资源编辑器

从图 A-25 中可以看到,编辑器提供了一个默认的对话框,用户可以根据自己的需要,在窗口右侧控件箱中选择控件来设计对话框的界面。

A.4.3　加速键资源编辑器

MFC AppWizard 已经为应用程序框架中的标准菜单项目设计了加速键,所以常常在这个已有的加速键表中进行修改以获得满意的加速键表。双击 ResourceView 选项卡中加速键表图标,即可打开对应的加速键表及加速键资源编辑器,如图 A-26 所示。

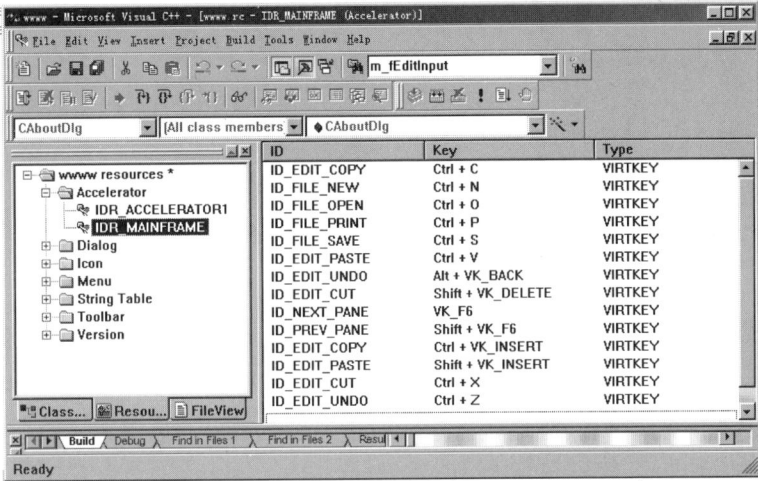

图 A-26　加速键资源编辑器

A.4.4　图标资源编辑器

MFC AppWizard 已经为应用程序框架设计了图标,所以常常对这个已有的图标进行修改以获得满意的图标。

双击 ResourceView 选项卡中表示图标资源的图标,即可打开对应的图标资源编辑器,如图 A-27 所示。

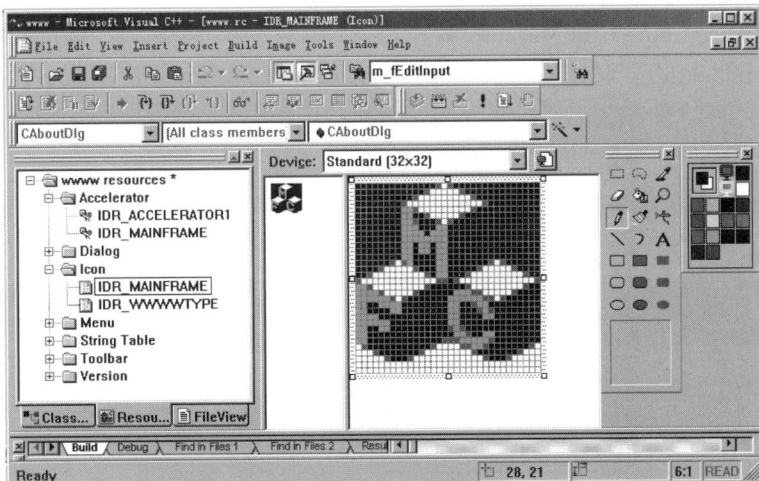

图 A-27　图标资源编辑器

A.5 Visual C++ 的主要调试工具

调试就是确定、修改项目中错误的过程。Visual C++ 提供了一组调试工具来帮助开发人员确定、改正可执行程序、DLL、线程、ActiveX 组件中的错误。调试器提供了自己专门的菜单、窗口、对话框。下面是调试时涉及的相关内容。

A.5.1 建立调试环境

要使用 Visual C++ 提供的应用程序调试工具,首先必须建立调试环境。建立调试环境的步骤如下。

(1) 选中 Project | Settings 菜单选项,打开 Project Settings 对话框。

(2) 在 Settings For 下拉列表框中选中 Win32 Debug 选项,确认后单击 OK 按钮。

A.5.2 调试窗口

在调试应用程序的过程中,经常需要观察一些变量数据的变化或者需要显示一些程序运行过程中的信息,以判断程序是否运行正常,Visual C++ 是用调试窗口来显示这些信息的。调试窗口有 Watch 窗口、Call Stack 窗口、Memory 窗口、Variables 窗口、Registers 窗口和 Disassembly 窗口。

(1) Watch 窗口用于显示要监视的变量、表达式的名字和值。

(2) Call Stack 窗口用于显示当前调用函数的调用堆栈。

(3) Memory 窗口用于显示当前内存的内容。

(4) Variables 窗口用于显示在当前语句、上一条语句中使用的变量的信息,显示函数返回值、当前函数中的局部变量、this 所指的对象。

(5) Registers 窗口用于显示通用寄存器、CPU 状态寄存器的内容。

(6) Disassembly 窗口用于显示当前程序反汇编后的汇编代码。

常用的窗口为 Watch 和 Variables 窗口。选中 View | Debug Windows 菜单选项,在子菜单中选中相应的选项,则即可显示相应的调试窗口,如图 A-28 所示。

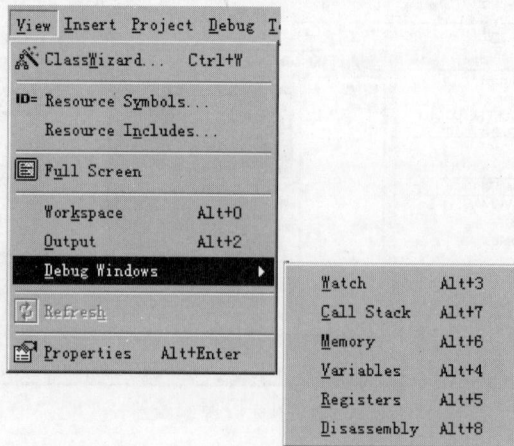

图 A-28 打开调试窗口的菜单命令选项

A.5.3 用设置断点的方法调试应用程序

设置程序运行断点是一种常用的应用程序调试方法。Visual C++ 提供了很多方法来设置应用程序的断点,其中最简单的就是使用工具栏中的 Build MiniBar。在开发环境窗口中右击工具栏,在弹出的快捷菜单中选中 Build MiniBar 选项,即可打开如图 A-29 所示的 Build MiniBar 工具条。

图 A-29 Build MiniBar 工具条

在 Build Minibar 工具条上带有手形图标的按钮就是设置断点的工具。具体使用方法如下。

(1) 在程序代码编辑框中,选中中断程序运行的代码行,然后单击 Build MiniBar 上设置断点的按钮,于是在该行代码之前就会出现一个表示为程序断点的圆形标记,如图 A-30 所示。

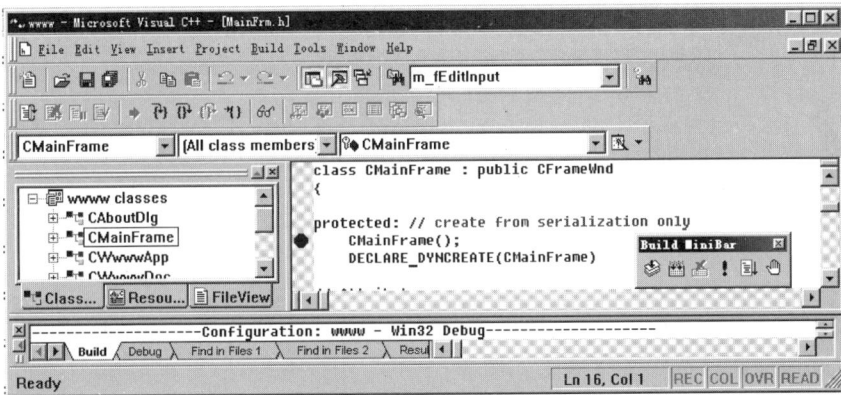
图 A-30 断点的设置

(2) 在使用设置断点的方式来运行要调试应用程序时,要使用调试运行按钮(即在设置断点按钮左侧带有向下箭头的按钮)。

(3) 如果已经设置了断点的代码行,再单击断点设置按钮,则原来设置的断点将被删除。

A.5.4 使用单步运行的方式调试应用程序

选中 Debug 菜单中的 Step Into、Step Over、Step Out、Run to Cursor 选项可以控制程序运行。与其功能相同且使用起来更方便的是应用程序调试工具条,如图 A-31 所示。

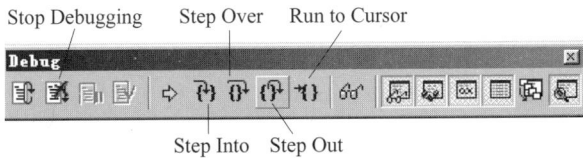
图 A-31 应用程序调试工具条

（1）Step Into 用于单步调试，如果遇到函数调用，则进入函数体内。

（2）Step Over 用于单步调试，如果遇到函数调用，则执行整个函数的调用。

（3）Step Out 用于程序执行，并返回到函数调用的外面。

（4）Run to Cursor 用于程序执行，并运行到当前光标处。当前光标相当于一个临时断点。

（5）Stop Debugging 用于结束调试状态。

程序运行时的各种信息将显示在相应的调试窗口（参见调试窗口）中。

A.5.5 使用调试宏调试应用程序

在调试应用程序的过程中，常常需要输出一些文字信息，使用 Visual C++ 提供的调试宏 TRACE 可以达到这个目的。

要使用调试宏必须先要使调试宏有效，即要选中 Tools|MFC Trace 菜单选项，在打开的 MFC Trace Options 对话框中选中 Enable tracing 复选框，如图 A-32 所示。

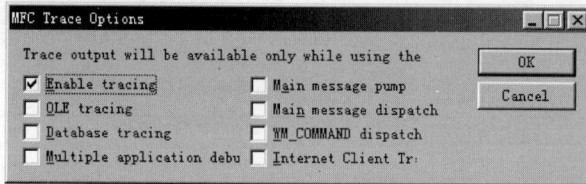

图 A-32　选中 Enable tracing 复选框以打开调试宏功能

调试宏功能有效之后，就可以在程序中所需要的地方使用调试宏，使得应用程序可以在调试的过程中输出一些文字信息。例如：

```
TRACE("Hello World!");
```

用于调试宏的参数将会输出并显示在调试窗口上。